Einführung.

Die Enzyklopädie der Rechts- und Staatswissenschaft ist in erster Linie der studierenden Jugend gewidmet. In knappster Form will sie den an den Universitäten vorgetragenen Lehrstoff vorführen, eine Übersicht bieten und zum Arbeiten anleiten. Aber sie will dem Studierenden auch zeigen, daß er eine Kunst und kein Handwerk erlernt; das „Lernen" hier heißt: die ganze Person einsetzen, nachdenken und an Hand der überall angeführten Hilfsmittel weiterdenken, was andere gedacht haben. Vielleicht ist die Enzyklopädie aber auch dem Fertigen willkommen, der aus der Arbeit des Tages heraus einmal wieder das Ganze, wie es heute sich darstellt, überschauen möchte; vielleicht auch dem Nichtfachmann, den Neigung oder Beruf an Fragen der Rechts- oder Staatswissenschaften heranführen. Beides wenigstens ist unser Wunsch. Die Vorarbeiten zu dem Unternehmen, das zunächst als Fortführung von Birkmeyers Enzyklopädie geplant war, waren bereits im Sommer 1914 abgeschlossen. Der Krieg gebot einen Aufschub und seine Folgen stellten das Zustandekommen zeitweilig überhaupt in Frage. Dem Mut der Verlagsbuchhandlung ist es zu danken, daß der Abschluß gelungen ist. Freilich, vieles hat sich auch für uns geändert. So fehlt der Name dessen, der 1914 mit an die Spitze getreten war und bis zu seinem Tode das Unternehmen betreut hat: der Name von Franz von Liszt. Möge es den Herausgebern gelungen sein, das Werk in seinem Geiste fortzuführen!

Die Herausgeber.

Subskribenten auf sämtliche Beiträge erhalten das Gesamtwerk in der Reihenfolge des Erscheinens der einzelnen Lieferungen zu einem gegenüber dem Ladenpreis um 10% ermäßigten Preise.
(Siehe beiliegende Bestellkarte.)

Von dem Gesamtwerk ist bereits erschienen:

1. Rechtsphilosophie . . . . Prof. Dr. Max Ernst Mayer, Frankfurt a. M.
5. Grundzüge des deutschen Privatrechts . . Prof. Dr. Hans Planitz, Köln a. Rh.
6. Rechtsentwicklung in Preußen . . . . . Prof. Dr. Eberhard Schmidt, Breslau
7. Bürgerliches Recht: Allgemeiner Teil . . Geh. Justizrat Prof. Dr. Andreas v. Tuhr, Zürich
8. Recht der Schuldverhältnisse . . . . Prof. Dr. Heinrich Titze, Berlin
9. Sachenrecht . . . . Prof. Dr. Julius v. Gierke, Halle a. S.
10. Familienrecht . . . . Prof. Dr. Heinrich Mitteis, Heidelberg
11. Erbrecht . . . . Prof. Dr. Julius Binder, Göttingen
12. Handels- und Wechselrecht . . . . . Geh. Hofrat Prof. Dr. Karl Heinsheimer, Heidelberg
13. Privatversicherungsrecht . . . . . . Geh. Hofrat und Geh. Justizrat Prof. Dr. Victor Ehrenberg, Göttingen
14. Urheber- und Erfinderrecht . . . . . Geh. Hofrat Prof. Dr. Philipp Allfeld, Erlangen
15. Internationales Privatrecht . . . . . Prof. Dr. Karl Neumeyer, München
18. Konkursrecht . . . . Geh. Hofrat Prof. Dr. Ernst Jaeger, Leipzig
19. Freiwillige Gerichtsbarkeit . . . . . Prof. Dr. Friedrich Lent, Erlangen
21. Strafprozeßrecht . . . . Geh. Hofrat Prof. Dr. Karl v. Lilienthal, Heidelberg
23. Allgemeine Staatslehre . . . . Prof. Dr. Hans Kelsen, Wien
26. Österreichisches Verfassungsrecht . . . Ministerialrat Prof. Dr. Leo Wittmayer, Wien
27. Ausländisches Staatsrecht . . . . . . Prof. Dr. Hans Gmelin, Gießen, und Prof. Dr. Otto Koellreutter, Jena
28. Steuerrecht . . . . Prof. Dr. Albert Hensel, Bonn a. Rh.
31. Arbeitsrecht 2. Aufl. . . . . Prof. Dr. Walter Kaskel, Berlin
34. Geschichte der Volkswirtschaftslehre . . Professor Dr. Edgar Salin, Heidelberg
35. Ordnung des Wirtschaftslebens . . . . Geh. Reg.-Rat Prof. Dr. Werner Sombart, Berlin
48. Gesellschaftslehre . . . . Prof. Dr. Carl Brinkmann, Heidelberg
51. Chemische Technologie . . . . Prof. Dr. Arthur Binz, Berlin

Unter der Presse befindet sich im Herbst 1925:

2. Römische Rechtsgeschichte und System des Römischen Privatrechts . . . . Prof. Dr. Paul Jörs, Wien
3. Römischer Zivilprozeß . . . . Prof. Dr. Leopold Wenger, München
29. Kirchenrecht . . . . Geh. Justizrat Prof. Dr. Erwin Ruck, Basel
39. Gewerbepolitik . . . . Geh. Legationsrat Prof. Dr. Wiedenfeld, Leipzig

Eine Übersicht sämtlicher Bände siehe 3. und 4. Umschlagseite

Universität Bonn
Seminar für Soziologie
der Philosophischen Fakultät

ENZYKLOPÄDIE DER RECHTS- UND STAATSWISSENSCHAFT

HERAUSGEGEBEN VON

E. KOHLRAUSCH · W. KASKEL · A. SPIETHOFF

ABTEILUNG STAATSWISSENSCHAFT

HERAUSGEGEBEN VON

DR. ARTHUR SPIETHOFF
PROFESSOR AN DER UNIVERSITÄT
BONN

XXXXVIII

GESELLSCHAFTSLEHRE

VON

DR. CARL BRINKMANN
PROFESSOR AN DER UNIVERSITÄT
HEIDELBERG

VERLAG VON JULIUS SPRINGER · BERLIN 1925

GESELLSCHAFTSLEHRE

VON

DR. CARL BRINKMANN
PROFESSOR AN DER UNIVERSITÄT
HEIDELBERG

VERLAG VON JULIUS SPRINGER · BERLIN 1925

ISBN-13: 978-3-642-93800-9 e-ISBN-13: 978-3-642-94200-6
DOI: 10.1007/978-3-642-94200-6

ALLE RECHTE, INSBESONDERE DAS DER ÜBERSETZUNG
IN FREMDE SPRACHEN, VORBEHALTEN.

Inhaltsverzeichnis.

		Seite
I.	Wissenschaftsgeschichtliche Grundlagen der Gesellschaftslehre	1
II.	Der Individualismus in der Gesellschaftslehre	4
III.	Seele und Geist in der Gesellschaftslehre	6
IV.	Der sozialpsychische Organismus	9
V.	Die Irrationalität als soziologischer Grundbegriff	12
VI.	Der Haushalt der sozialpsychischen Kräfte	16
VII.	Die formalen Grundgefüge: Gemeinschaft und Kultur	20
VIII.	Die materialen Grundgefüge: Wirtschaft und Recht	27
IX.	Die Systematik der besonderen Gesellschaftswissenschaften	33
	Namenverzeichnis	38
	Sachverzeichnis	39

I. Wissenschaftsgeschichtliche Grundlagen der Gesellschaftslehre.

Die Gesellschaftslehre sondert aus den zahlreichen in Forschung und Lehre fast sämtlich schon seit der Antike fest konstituierten Wissenschaften, die sich mit dem „Geist" oder der „Kultur" des Menschen beschäftigen, diejenigen Tatbestände aus, die zwischenmenschliche Beziehungen in deren eigentümlicher Bedeutung berühren. Gegen diese Aussonderung als Prinzip einer „neuen" Wissenschaft erheben bis zur Gegenwart jene älteren Disziplinen nicht selten Widerspruch aus Gründen der Form und der Sache[1]). Teils wird behauptet, daß ein solches Vorhaben keine neuen Ergebnisse verspreche, teils wieder, daß die bereits vorliegenden Ergebnisse allzu neu und kühn seien. Die Gesellschaftslehre wird also zunächst zu bestimmen haben, worin ihre Fragestellung über die Leistungen ihrer älteren Geschwister hinausführt und wie sie sich doch wieder in das Ganze der kulturwissenschaftlichen Erkenntnis einordnet.

Ihre Lehrbücher pflegen mit einer Übersicht über ihre verschiedenen „Richtungen" oder „Schulen" in der Gegenwart zu beginnen. Dabei muß denn sogleich der methodische und sachliche Standpunkt des Verfassers hervortreten, ohne noch durch die Darstellung selbst geklärt zu sein. Das bedingt oft ein verwirrendes Auseinandergehen der Bezeichnungen. Vielleicht ist es am einfachsten, statt dessen festzustellen, aus welchen Stoffgebieten sich die Untersuchungen der heutigen Soziologie hauptsächlich nähren. Es sind zwei: die Völkerkunde, also die Erforschung der heutigen primitiven oder „Naturvölker" und der ihnen tatsächlich oder vermeintlich entsprechenden Gesellschaften geschichtlicher „Urzeiten", und die mehr oder weniger naive Anschauung der zeitgenössischen gesellschaftlichen Zuständlichkeit. Solange diese beiden Betrachtungen mit einer Fülle von einer jeden eigentümlichen, meist stillschweigenden und nur halb bewußten Voraussetzungen nebeneinander hergehen, ohne in großen geschichtlichen und systematischen Zusammenfassungen[2]) miteinander verbunden und aufeinander bezogen zu werden, verharren sie gern auf vorkritischen Stufen. Die ethnologische Gesellschaftslehre läuft Gefahr, ihr sonderwissenschaftliches Handwerkszeug zu verallgemeinern; die aus der Aktualität schöpfende Gesellschaftslehre verwechselt leicht literarische Schilderungen und praktische Orientierungen mit wissenschaftlicher Einsicht[3]).

Das gemeinsame methodische Prinzip, das auch die entgegengesetztesten soziologischen Forschungsrichtungen gegenüber den stofflichen Kulturwissenschaften zusammenhält, ist die Koordination verschiedener gesellschaftlicher Zuständlichkeiten, die je nachdem das Vertraute durch das Fremde oder umgekehrt zu erläutern

---

[1]) Vgl. G. v. Below, Soziologie als Lehrfach (München-Leipzig 1920) und seine Polemik mit F. Tönnies, Weltw. Arch. 16 (1921), 212ff., 512ff.
[2]) Einzigartige Beispiele für das erste G. Schmoller, Grundriß der Volkswirtschaftslehre. 2 Bde., letztens München-Leipzig 1919, dazu H. Herkner in Verh. des Ver. f. Sozialpol. 1920 S. 9ff., und Conrads Handb. 118 (1922), 1ff., sowie C. Brinkmann in Weltw. Arch. 16 (1921), 90ff.; für das zweite M. Weber, Wirtschaft und Gesellschaft (Grundr. der Sozialök. 3 ². 1925).
[3]) Höchste Typen des einen A. Vierkandt, Gesellschaftslehre (Stuttgart 1923), des anderen L. v. Wiese, Allg. Soziologie I: Beziehungslehre (München-Leipzig 1924).

und zu verstehen sucht. Wie die Individualpsychologie vergleicht die Soziologie die „relativ natürliche Welt" (MAX SCHELER) des modernen Durchschnitts jeweils mit der davon abweichenden Welt anderer Durchschnitte: historischer (phylogenetischer), z. B. des Primitiven; lebensaltermäßiger (ontogenetischer), z. B. des Kindes; abnormer (pathogenetischer), z. B. des Hysterischen; endlich auch tierischer. Eine Beziehungslehre, die von der Kontrolle dieser Vergleiche absieht, ist vor Selbsttäuschungen nicht sicher. Ja man kann sagen, daß die aus der Aktualität schöpfende Soziologie solchen Selbsttäuschungen durch die Färbung ihrer „Tatsachen" mit unbewußten Vorurteilen, Leidenschaften und Interessen sogar besonders ausgesetzt ist: „Ainsi, quand je trouve des faits d'égale importance expérimentale, appartenants les uns au passé, les autres au présent, je préfère ceux du passé; c'est pourquoi le lecteur trouvera beaucoup de citations des auteurs grecs et latins"[1]). Auf der anderen Seite geht natürlich auch das Verständnis von vergangenem Gesellschaftlichem wieder durch das Verständnis des gegenwärtigen.

Der heutige Problemkreis der Soziologie wird aber nicht völlig durchsichtig ohne die Kenntnis der geschichtlichen Beobachtungs- und Versuchsreihen, die dazu geführt haben. Diese beginnen weder, wie vielfach behauptet wird[2]), im 19. Jahrhundert, etwa unter dem Einfluß der neueren sozialistischen Theorien, noch trifft es völlig zu, mit WERNER SOMBART zu sagen[3]), daß im ganzen Verlaufe der europäischen Neuzeit eine „Naturlehre der menschlichen Gesellschaft" als empirisch-kausales Gegenstück zu den älteren Normenlehren und zu dem neueren Naturrecht entstanden sei. Gewiß ist die Koordination gesellschaftlicher Tatbestände mit den von der neuzeitlichen mechanischen Naturwissenschaft erforschten ein Teil eines geistigen Entwicklungsvorgangs, der seit der spätmittelalterlichen nominalistischen Scholastik die geistigen Werte und Bedeutungen nicht mehr bloß als traditional gültig hinnimmt, sondern in ihrer Bedingtheit durch andere, „reale" Zusammenhänge zu ergründen sucht. Aber in diesem Vorgang ist die Naturrechtslehre selbst als eine Erneuerung wichtiger Gedanken der antiken Sophistik[4]) der Ausdruck neuer gesellschaftlicher Einsicht, eine neue Metaphysik der jetzt als sozial begriffenen Umwelt und Geschichte, und bis zur Gegenwart von der soziologischen Naturansicht untrennlich.

Realer Untergrund der großen soziologischen Arbeiten, die diese Bewegung im westeuropäischen Barockzeitalter hervorbringt, sind die politischen und wirtschaftlichen Veränderungen, die im 17. und 18. Jahrhundert in England der parlamentarischen Aristokratie zur Macht verhelfen, in Frankreich das Ancien Régime auflösen und die Revolution vorbereiten. Dort entsteht aus der revolutionären Machttatsachenphilosophie des THOMAS HOBBES[5]) der Lehrbegriff, der das Gefüge der Gesellschaft namentlich für die Tatsachen der staatlichen und wirtschaftlichen Ordnung als eine unbeabsichtigte und wertfreie Harmonie naturbestimmter Seelenkräfte und Bedürfnisse faßt, scharf formuliert schon in der „Bienenfabel" des holländischen Arztes JOHN MANDEVILLE (1714), entscheidend fortgebildet dann in ADAM FERGUSONS Essay on the history of civil society (1767), JOHN MILLARS Observations concerning the distinction of ranks in society (1771) und vor allem in den Werken

---

[1]) V. PARETO, Traité de sociologie générale. (2 Bde. Lausanne-Paris 1917) 1, 37.
[2]) Zuletzt von K. SINGER, Die Krisis der Soziologie, Weltw. Arch. 16, 248: „Es ist hier aber von einer chronologischen Feststellung auszugehen, die mehr als chronologische Bedeutung gewinnen soll: daß nämlich die Soziologie im 19. Jahrhundert entstanden ist, und zwar von allen Grundwissenschaften als die einzige, die diesem Jahrhundert entstammt."
[3]) Die Anfänge der Soziologie, Erinnerungsgabe für MAX WEBER (München-Leipzig 1923) 1, 6ff.
[4]) Darüber jetzt A. MENZEL, Kallikles (Wien 1923).
[5]) S. jetzt neben F. TÖNNIES' fundamentaler Biographie (Frommanns Klassiker der Philos. 2) H. SCHMALENBACHS Neuausg. der Elementa Philosophiae: Das Naturreich des Menschen (Frommanns Philos. Taschenb. 2, 1923).

von ADAM SMITH[1]), dem Höhepunkt der englischen nicht bloß ökonomischen, sondern auch soziologischen Theorie. In Frankreich leitet die hugenottische Kirchen- und Staatskritik, gipfelnd in B. JURIEUS Lettres Pastorales (1689)[2]), die aufklärerisch-enzyklopädistischen Forschungen ein, die durch den feudalen Absolutismus vom Staate zurückgehalten, sich namentlich der Religions- und Kultursoziologie zuwenden und am Vorabend der Revolution den skeptischen Pessimismus VOLTAIRES, den naturrechtlichen Optimismus JEAN JACQUES ROUSSEAUS und das physiokratische System des wirtschaftlichen „Ordre naturel" erzeugen.

Der Gesellschaftsbegriff dieser großen Begründer, nicht bloß dem Namen nach orientiert an den neuzeitlichen Tatsachen aristokratisch-ständischer und bürgerlich-klubbistischer Geselligkeit und von der neuen überseeischen Völkerkunde des Kolonial- und Missionszeitalters lebhaft befruchtet, ist der individualistische, der auf der einen Seite aus der gleichzeitigen atomistischen Naturphilosophie, auf der anderen aus der Betätigung des geistig von traditionalen Bindungen aller Art „befreiten" Einzelmenschen und seiner frei gewählten Verbindungen erwächst. Aber er spaltet sich bereits in seiner frühesten Darstellung nach der Umwelt der englischen und französichen Staatsgesellschaft. Hier prägt ihn die Dauerposition der Intelligenz gegen die gesellschaftlichen Mächte zu den bekannten naiven Ableitungen der sozialen Hauptgebilde aus naturrechtlich minderwertiger Absicht und Erfindung Einzelner (klassische religionssoziologische Formel: der Priesterbetrug[3]), für die bereits am Ausgang des Mittelalters der Machiavellismus das Vorbild der amoralischen „Staatsräson" aufgestellt hatte[4]). In England treibt daneben die der Feudalität gefolgte Aristokratie des Frühkapitalismus Selbsterkenntnis ihrer eigenen, feineren Machtmittel: Neben den Interessen der Herrschenden wird das unbewußte und halbbewußte Triebleben der Beherrschten durchsucht. Sicherlich wird auch hier vielfach das Ressentiment aus der Unterdrückung emporkommender Schichten heuristisch. Aber das tiefe naturrechtliche Pathos besonders bei den Franzosen, die willensbildende Freude an den aufbauenden Kräften der Gesellschaft besonders bei den Engländern dürfen deshalb nicht verkannt werden. Die „organische" Staatsauffassung der deutschen Romantik stammt durch EDMUND BURKE von der englischen Soziologie ab, die mit der englischen Wirtschaft den Weltkrieg gegen den Napoleonischen Imperialismus gewann. Und auch der soziologische Physiokratismus Frankreichs (wenn man ROUSSEAU und die Physiokraten so zusammenfassen darf) erlebte im Rückschlag auf den voltairianischen Skeptizismus große organische Systembildungen in dem christlichen Sozialismus HENRI DE ST. SIMONS, der Restaurationssoziologen DE MAISTRE, LAMENNAIS und noch AUGUSTE COMTES[5]).

Die biologische Lehre des DARWINISMUS von der Vererbung durch Auslese, die bekanntlich selbst von der ökonomischen Knappheitstheorie des THOMAS ROBERT MALTHUS angeregt war, half endlich rückwirkend die englische Soziologie in den Werken HERBERT SPENCERS zu einer „positivistischen" Theorie von der Umwandlung feudaler Staatsordnung in individualistisch-industrialistische Gesellschaftsordnung umbilden, und diese wieder beeinflußte weit mehr als die nachfolgenden angelsächsischen Soziologen die Theorien des französischen und deutschen

---

[1]) Vgl. E. SALIN in dieser Enzyklopädie 34, 17ff., der aber die 1896 von E. CANNAN zuerst aus einer studentischen Nachschrift herausgegebenen Lectures on Justice, Police, Revenue and Arms (1763) nicht nennt.
[2]) Darüber s. den zu wenig beachteten K. WOLZENDORFF, Staatsrecht und Naturrecht (GIERKES Unters. 126, Breslau 1916), 292ff.
[3]) „Priestcraft" als eine der 4 Arten der „non-industrial appropriation" noch bei LESTER WARD, Dynamic sociology (New York 1902) 1, 583.
[4]) Darüber jetzt F. MEINECKE, Die Idee der Staatsräson (München-Berlin 1924), 31ff. und F. ENGEL-JÁNOSI, Soziale Probleme der Renaissance (Stuttgart 1924), 112ff.
[5]) Vgl. C. SCHMITT, Politische Romantik (² München-Leipzig 1925) und dazu C. BRINKMANN im Arch. f. Sozialwiss. 54.

Liberalismus, indem sie in Frankreich durch SPENCERS Übersetzer ALFRED ESPINAS die subjektivistische Schule GABRIEL TARDES (Les lois de l'imitation 1890) und die als Schule noch mächtigere objektivistische EMILE DURKHEIMS[1]), in Deutschland und vor allem Österreich anschließend an den „staatswissenschaftlichen" Lehrbegriff ROBERT V. MOHLS und LORENZ V. STEINS das ökonomische Gesellschaftssystem von ALBERT SCHÄFFLE (Bau und Leben des sozialen Körpers 1875—8, ²1896) hervorbrachte. Diese ganze Gruppe bedeutet mit ihrem dogmatischen Naturalismus und ihrer Widerspiegelung zeitgenössischer gesellschaftlicher Machtverhältnisse zweifellos eine gewisse Verflachung ihrer größeren Vorgänger. Aber ihre Verwendung physiologischer Entsprechungen setzte großenteils nur die kosmische Naturphilosophie der nachkantischen Romantik fort, und in ihrer Gesamtheit „stecken, wie man auch sonst darüber denken mag, bedeutende induktive Werte"[2]).

II. Der Individualismus in der Gesellschaftslehre.

Vor aller empirischen Beobachtung und Ordnung gesellschaftlicher Tatbestände wird stillschweigend oder irgendwie, sei es vorwissenschaftlich, sei es kritisch, ausgesprochen eine Reihe von Grundüberzeugungen von der Beschaffenheit solcher Erkenntnis liegen. Diese können wie jedes Apriori durch die Scheu eines beliebigen Positivismus vor „Metaphysik" nur verdrängt und dadurch zum Schaden auch der Erfahrung verdunkelt, nicht aber aus der wissenschaftlichen Welt geschafft werden. Dahingestellt bleibt allerdings, inwieweit eine Relativität des Apriorischen in dem Sinne stattfindet, daß jeweils das vor der Erfahrung einer bestimmten Wissenschaft, wie hier der Soziologie, Liegende sich der Erfahrung einer anderen, z. B. der Psychologie oder irgendeiner Wissenschaft von der „toten" Natur, noch zugänglich erweist und erst an gewissen Grenzen eine wirklich „metaphysische" Sinndeutung der wissenschaftlichen Gesamtobjekte beginnt. Gerade die Soziologie als Erkenntnis von Sinnverbundenheiten hat jedoch Anlaß sich zu vergegenwärtigen, daß der außerwissenschaftliche Charakter solcher metaphysischer Sinndeutungen über ihre Unentbehrlichkeit für die dadurch zusammengefaßten und gestützten wissenschaftlichen Sinndeutungen nichts entscheidet[3]).

Unvermeidlich nimmt so jede soziologische Forschung zunächst eine bestimmte Stellung zum Problem des sog. Individualismus, der Eigenbedeutung der leibseelischen menschlichen Einzelpersönlichkeit in der Gesellschaft. Insofern hat auch umgekehrt OTHMAR SPANN[4]) vollkommen Recht, alle Gesellschaftslehre von dem grundsätzlichen Verständnis des (von ihm) sog. Universalismus, der übergreifenden Bedeutung der Gesellschaft für die Einzelpersönlichkeit, abhängig zu machen. Nur wird für die soziologische Erfahrung verhältnismäßig wenig darauf ankommen,

---

[1]) R. MAUNIER, Die franz. Soziologie seit 1900, Monatsschr. f. Soz. 1 (1909), 100ff. G. L. DUPRAT, L'orientation actuelle de la sociologie en France, Rev. Internat. de Soc. 30 (1922), 337ff., 464ff.

[2]) O. SPANN, Kurzgefaßtes System der Gesellschaftslehre (Berlin 1914), S. 9 (in der 2. Aufl. 1924, S. 32 charakteristisch abgeschwächt) über MOHL und STEIN („was übrigens auch TREITSCHKE anerkannte"). A. M. SALIN a. a. O. 41 und BELOW, Deutsche Geschichtsschreibung von den Befreiungskriegen bis zu unsern Tagen² (München-Berlin 1924), 63ff. Über englische Soziologie und nachkantische Philosophie vgl. auch C. BRINKMANN, APELT und BUCKLE, Arch. f. Kulturgesch. 11 (1913), 310ff.

[3]) Ähnlich begründet die Notwendigkeit des Überganges von einer formalphilosophischen zu einer phänomenologischen Soziologie S. KRACAUER, Soziologie als Wissenschaft (Dresden 1922).

[4]) S. besonders seine Kategorienlehre (Jena 1924) und zur Kritik F. SANDER im Arch. f. Sozialw. 53 (1925), 11ff.

ob man mit SPANN in der Weise des scholastischen Nominalismusstreits den logischen Vorrang der Gesamtheit vor dem Individuum behauptet oder gar mit gewissen kosmischen Phantasien, meist bestimmt durch rassenbiologische Vorstellungen, die Gesellschaft als Gesamtkörper für das eigentlich „Lebendige" und die Handlungen ihrer Glieder lediglich für eine Art von Selbsttäuschung hält[1]). Solchen Versuchen wird immer das entgegengesetzte Extrem einer Auffassung der gesellschaftlichen und geschichtlichen Welt als Schöpfung großer Einzelner, die z. B. die europäische Geschichtsschreibung fast bis zur Gegenwart beherrschte, die Wage halten. Einen Ausweg bietet allein eine kritische Phänomenologie der Erscheinungsformen und Beziehungen individuellen und universalen Lebens in der Gesellschaft.

Sie bilden gleichsam zwei einander zugeordnete Reihen, die von einem Endpunkt im Leiblich-Natürlichen bis zu einem anderen im Geistig-Metaphysischen verlaufen. Fruchtlos wird es stets für die Soziologie sein, die Gebundenheit gesellschaftlicher Erscheinungen an die Schranke der rein körperlichen Individualität zu leugnen oder zu vergessen. Diese ist vielmehr in ihren verschiedenen Äußerungen als Sterblichkeit, Kraftbegrenzung, Verkehrshindernis u. ä. aus keiner realistischen Erfassung von Gesellschaftlichem wegzudenken. Noch die psychosoziologische „Masse" zeigt gerade in den wesentlich negativen Wirkungen, die die psychische Verschmelzung getrennter Körper in ihr zur Folge hat, ein wie großer „Widerstand" die grobe Körperlichkeit für die Leitung feinerer seelischer Ströme ist. Von diesem leibseelischen Pol der Individualität führt dann mit einer Unendlichkeit von Abstufungen zu dem geistigen Gegenpol, der vielleicht mit einem Worte MAX SCHELERS am besten als „intime Person" zu bezeichnen ist. Aller „Individualismus", wie ihn die Geistesentwicklung der rationalisierenden und mechanisierenden Neuzeit geschaffen, übersteigert und benannt hat, ruht an diesem Endpunkt.

Allein daß gerade diese individualisierende neuzeitliche Geistesentwicklung zugleich auch die Gesellschaftswissenschaft schuf, beweist schon, daß der Intensitätsskala der Individualität eine gleichsinnige Skala der Universalität entspricht. Sie beginnt mit der leiblichen Hilflosigkeit des neugeborenen und aufwachsenden Menschen, die ihn bekanntlich in ungleich höherem Grade auf seine mitmenschliche Umgebung anweist als das junge Tier. Und von da steigt sie zu den unendlich feinen und verzweigten Beziehungen auf, die auch seelisch und geistig den Einzelnen vielfach zum Vertreter einer Gattung machen, so daß wir sozusagen nur diese in ihm denken, fühlen und handeln sehen. Aber dieser Verlauf kann nun noch weniger als der der Individualitätsreihe von dem Ineinandergreifen mit der „toten" und „lebendigen" Dingwelt, auch der außermenschlichen, unabhängig gedacht werden. Das stempelt gerade das Gebiet des eigentlich Gesellschaftlichen im Vorzug vor dem des relativ Einzelmenschlichen zum Wirkungsfeld leibseelischer, psychophysischer Zusammenhänge: Auf mein Dasein als Einzelwesen scheint in erster Reihe mein eigner Leib, auf mein Dasein als Kollektivwesen der Inbegriff der gesellschaftlich-natürlichen „Wirklichkeit" Einfluß zu üben.

Wie ist nun die Funktionalität der individualistischen und der universalistischen Tatsachenreihe zueinander vorzustellen, also der stetige Prozeß, der eigentlich (und nicht etwa irgendein Dinggegenstand) mit dem Begriff „Gesellschaft" bezeichnet wird? Dafür bietet wohl der vornehmlich von THEODOR LITT[2]) erarbeitete Gedanke des sog. Perspektivismus die nächste Handhabe. Individualität ist grundsätzliche Einmaligkeit des Blickpunktes auf die lebendige und tote Umwelt mit der unendlichen Möglichkeit der Verschiebung in den beiden Ordnungen des Raumes und der Zeit. Aber diese Unendlichkeit von Variationen ist jeden Augenblick bedingt durch

---

[1]) Die machtvollste Ausführung dieses Gedankens noch immer L. GUMPLOWICZS Grundriß der Soziologie (Wien 1898, ²1905).

[2]) Individuum und Gemeinschaft, Leipzig-Berlin 1919, ²1924. Vgl. dazu jetzt K. DUNKMANN, Die Kritik der sozialen Vernunft (Berlin 1924), 19ff.

das Bewußtsein und die Reaktion auf die in „Ausdruck" und „Verstehen" erlebte Erscheinung anderer Individualitäten von grundsätzlich der gleichen Einmaligkeit und Variabilität der Standpunkte, so daß keine dieser Individualitäten jemals monadisch abgeschlossen und mit den anderen nur in „Beziehung" oder „Wechselwirkung", sondern eine jede bereits in sich aus der Verbundenheit mit anderen aufgebaut ist. Diese gewissermaßen potenzierte, vom „Ich" und vom „Du" her bestimmte Unendlichkeit der Lagen wird jedoch sogleich dadurch eingeschränkt, daß gerade die Reziprozität der Perspektiven an die Stelle des theoretisch ewigen Wechsels das praktische Beharren in „geschlossenen Kreisen" setzt, in denen eine Anzahl individualer Blickrichtungen radial auf den Mittelpunkt eines und desselben Ausschnitts sei es aus der menschlichen, sei es aus der geistigen Umwelt zustreben. Die Beobachtung, daß höchste Grade solcher Geschlossenheit durch die Gemeinsamkeit geistiger Bedeutungen für eine Menschengruppe verbürgt werden, hat wiederholt auf den Gedanken geführt, daß zur Erfüllung des Begriffes der Gemeinschaft das Bewußtsein um ihr Bestehen als solche gehöre[1]). Indessen, wie sich später zeigen wird, dienen ebenso oft und sogar in höherem Maße unbewußte Tatsachen leiblichen und seelischen Zusammenhanges (Landschaft, Abstammung) als Zentren für die Sammlung und Einigung der Perspektiven. Festzuhalten ist die grundlegende Wichtigkeit der Auslese, die das gesellschaftliche Beieinander für den Einzelmenschen unter den naturgegebenen Gegenständen seiner Umwelt ausübt. Auch in diesem Sinne erkennt und handelt die Gesellschaft für ihn. Wie der junge Mensch etwa aus dem Schlafe nur schwer in eine durch Ortsbewegung veränderte „Wirklichkeit" hineinfindet, so ist er (und ebenso der phylogenetisch „Junge", der in irgendeinem Maß Primitive) nicht ohne Verlust seiner Gesamtorientierung aus seiner leibseelischen, natürlich-gesellschaftlichen Umgebung herauszunehmen.

III. Seele und Geist in der Gesellschaftslehre.

Aus dem Dargelegten ergibt sich schon die Antwort auf die noch immer umstrittene Frage nach dem Verhältnis von Psychologie und Soziologie. Diese muß ebenso wie die einzelnen stofflichen Kulturwissenschaften frei sein von „Psychologismus" insofern, als auch sie zwar psychische Tatbestände und Zusammenhänge einschließt, aber sich nicht in ihnen erschöpft, mithin eine wechselseitige Nachbar- und Hilfswissenschaft der Psychologie, aber kein Teil von ihr ist; daher ganz besonders insofern, als sie über der psychischen Tatsächlichkeit der von ihr untersuchten Vorgänge deren „Bedeutung" und „Sinn" (das, was wir uns gewöhnt haben im Unterschied von dem „Seelischen" das „Geistige" zu nennen) nicht aus dem Auge verlieren darf. Allein es wird nicht ganz leicht sein, auf eine heute sehr verbreitete Weise[2]) eine begriffliche und methodologische Sonderung zwischen einer „Soziopsychologie" als individualpsychologischer Behandlung der sozialen Seelenfunktionen und einer „Psychosoziologie" als eigentlich soziologischer Behandlung seelischer Gesellschaftsfunktionen zu vollziehen. Denn wie gezeigt wurde, verschwindet die absolut gedachte Grenze zwischen der Einzelseele und der Gesellschaft gerade im Übergang zwischen sozialen Seelen- und seelischen Gesellschaftsfunktionen vor der unauflöslichen gegenseitigen Durchdringung beider Gebiete.

Die Gegenwehr vieler soziologischer Forschungsrichtungen der Jetztzeit besonders in Deutschland gegen die Abhängigkeit von der Psychologie erklärt sich

---

[1]) Das Merkmal der „Gemeinschaft auf der zweiten Stufe" bei G. WALTHER, Ein Beitrag zur Ontologie der sozialen Gemeinschaften (Halle 1923), 94ff.

[2]) S. die Übersicht bei L. STOLTENBERG, Seelgrupplehre (Berlin 1922), 1ff.

außer durch die Irrtümer und Anmaßungen des bezeichneten Psychologismus vor allem auch daraus, daß wissenschaftsgeschichtlich namentlich die deutsche Psychologie nach HERBART allzu lange und ausschließlich von den großen, soziologisch jedoch sehr unfruchtbaren Schulen der experimentellen Wahrnehmungs- und Vorstellungspsychologie beherrscht wurde. Die sozial so viel wachere und geübtere Wissenschaft der Franzosen und Angelsachsen besaß z. B. in den Werken von THÉODULE RIBOT (Psychologie des sentiments 1896) und WILLIAM JAMES (Principles of Psychology 1891, deutsch von M. u. E. DÜRR, Leipzig 1909) nicht zufällig auch eine psychologische Tradition, die von vornherein den gesellschaftlich wichtigsten Seiten des Einzelseelenlebens, den emotionalen und voluntarischen, zugewandt war. Mit der zunehmenden Beobachtung dieser Seiten und dem Heraustreten aus den engeren Laboratoriumsmethoden ist dann auch bei uns die Kluft zwischen der rein mechanistisch-naturwissenschaftlichen Psychologie und der Psychologie des Lebens und damit auch die Kluft zwischen Psychologie und Soziologie immer weniger tief geworden[1]).

Neben dieser formalen Erweiterung der wissenschaftlichen Psychologie ging noch eine der Soziologie nicht minder förderliche stoffliche Ausdehnung her, die in der Richtung der oben (S. 1) erwähnten Koordinationen außer- und unterdurchschnittlichen Seelenlebens verlief und hier die von der älteren Soziologie bestimmten Methoden der Ethnologie, Pädagogik, Psychiatrie und Tierseelenkunde durch die experimentell erarbeiteten und geprüften Verfahren der modernen Psychologie ergänzte und verfeinerte. Allemal aber war für diese Neubearbeitung der psychologischen Randgebiete der Durchbruch großer gesellschaftlicher Bewegungen entscheidend. Die moderne Weltwirtschaft half WILHELM WUNDT (Völkerpsychologie 8 Bde. 1900—17) und DURKHEIM die neuere Völkerpsychologie[2]), die moderne Jugendbewegung EDUARD SPRANGER (Psychologie des Jugendalters 1924) die neuere Sozialpädagogik begründen, und am tiefsten und nachhaltigsten beeinflußte das tierpsychologische Experiment WALTER KÖHLERS (Intelligenzprüfungen an Anthropoiden, Abh. der Berliner Ak. 1917, gesondert 1921) in der Wendung zur sog. Gestaltpsychologie die kultur- und damit gesellschaftswissenschaftliche Rolle der modernen Psychologie[3]).

Die Haupteinwände gegen eine vorzugsweise psychologisch fundierte Soziologie entspringen an dem leibseelischen Anfang und wieder an dem geistigen Bedeutungsende der gesellschaftlichen Vorgänge. Beide werden oft unklar genug geschieden in der Lehre von der sozialen Objektivation behandelt. „Objektiv" im Sinne der Entgegensetzung von Gegenständlichem und Bleibendem gegen das Vorübergehende und Wechselnde seelischer „Subjektivität" sind zunächst alle jene Bedingungen der materiellen, „toten" Dingwelt, die als „Realisationsfaktoren"[4]) gesellschaftliches wie einzelmenschliches Handeln überall einschränkend und unterstützend begleiten. Wie die Erkenntnis von Kulturtatsachen für die Nachlebenden an die Fortdauer oder Wiederentdeckung von körperlichen Trägern und „Zeugnissen" gebunden bleibt, so ist schon ihr Entstehen von dem Dasein solcher Träger unabtrennlich. Die Selbstabbildung sprachlich ausgedrückter Kulturbedeutungen in Schriftzeichen aller Art ist nur ein Sonderfall der beständigen „Verwirklichung" menschlichen und gesellschaftlichen Lebens in einer Welt dinglicher Schöpfungen und Formungen,

---

[1]) S. jetzt das von G. KAFKA herausgeg. Handbuch der vergleichenden Psychologie (München 1922) und darin besonders A. FISCHER, Psychologie der Gesellschaft (2, 339ff.).
[2]) Neueste Hauptwerke L. LÉVY-BRÜHL, La mentalité primitive (1912), deutsch von W. JERUSALEM (Wien-Leipzig 1921), und F. GRAEBNER, Das Weltbild der Primitiven (G. KAFKAS Gesch. der Philos. in Einzeldarstellungen 1, München 1924).
[3]) Darüber jetzt M. WERTHEIMER, Untersuchungen zur Lehre von der Gestalt, Psychologische Forschung 1 (Berlin 1921), 47ff.
[4]) M. SCHELER, Probleme einer Soziologie des Wissens, in: Versuche zu einer Soziologie des Wissens (München-Leipzig 1924), 8ff.

der Symbole und Werkzeuge im weitesten Verstande, deren Abhängigkeit von dem „Material" der raumzeitlichen Naturumgebung offenbar ist. Steine und Metalle geben nicht nur als Erkenntnismerkmale den prähistorischen Kulturen ihreNamen, sondern auch „objektiv" allen möglichen Kultursystemen bis zu dem kapitalistischen Kohleeisenzeitalter etwas wie einen materiellen Stützrahmen. Und die Ausstattung jedes Gesellschaftsgebildes mit einem „Vermögen" wirtschaftlicher „Güter" stellt auch systematisch von der minimalen Apparatur junger Vereine, Haushalte u. ä. („dieser Stab, mit dem ich über den Jordan ging") bis zu den ungeheuren Stoff- und Reichtumshäufungen der entfalteten „Zivilisation" eine stetige Reihe dar.

Wie das körperliche Symbol und seine Bedeutung verhalten sich aber die materielle und die geistige „Objektivität" gesellschaftlicher Vorgänge. Dem „Realisationsfaktor" tritt der ideelle „Determinationsfaktor" zur Seite, der nun nicht bloß im Zusammenhang mit jenem, sondern auch an sich subjektives Seelenleben zum objektiven Geistesleben erhebt. Menschliche Gesellschaft „objektiviert" sich in den in sich geschlossenen Ausdrucks-, Zweck- und Wertzusammenhängen, die am einleuchtendsten etwa durch die Sprachen, die Staaten und die Religionen vertreten werden, aber ganz allgemein in unendlichen Stufungen und Mischungen den geistigen Gehalt der „Geschichte" ausmachen. Immer wieder schwankt die soziologische Forschung zwischen der Bedeutungsblindheit des Skeptizismus, der alle diese Objektivationen in bloße „ideologische" Spiegelungen subjektiver oder gar materieller Verhältnisse auflösen möchte, und der Bedeutungstrunkenheit des Dogmatismus, der Gesellschaft als eine Art Corpus Mysticum im Sinne des christlichen Kirchenbegriffs ohne die Dazwischenkunft materieller oder auch nur subjektiv-seelischer Realisationsfaktoren, als System und Abfolge reiner „Ideen" und geistiger Determinationsfaktoren auffaßt. Der HEGELsche Begriff des sich durch Selbsterkenntnis entfaltenden und erlösenden Weltgeistes, den nicht umsonst ein Soziologe wie PARETO als Widerspiel aller wissenschaftlichen Gesellschaftskunde bekämpft, ist bis zu seinen letzten Ausläufern in den „Aktions"-Programmen des deutschen und russischen Sozialismus und Kommunismus[1]) eine soziologisch sehr wirkungsvolle Erscheinungsform dieses Dogmatismus.

Das wirkliche soziologische Verständnis der Objektivation wird den Dogmatismus und den Skeptizismus, die sich gelegentlich, wie z. B. in der Geschichtsphilosophie WILHELM DILTHEYS, nicht zufällig vereinigen, auf dem Wege einer Kritik der sozialen Vernunft überwinden müssen. Dazu haben vor allem MAX WEBERS Gedanken der „verstehenden Soziologie" und des soziologischen „Idealtypus" den Grund gelegt. Sie nähern sich dem gesellschaftlichen Gebilde vermöge der Einsichtigkeit, die es gerade als ein objektiv von Zwecken oder Werten zusammengehaltenes, „zweckrationales" oder „wertrationales" besitzt, und die so ermöglicht, es unter Abstraktion von den für diese Beziehung unwesentlichen Umständen jeweils einer bestimmten Typik dieser Beziehung zuzuordnen. Nur wird außer Zweck und Wert auch ganz allgemein jeder objektive, wennschon von den beteiligten Subjekten gar nicht als solcher gemeinte oder gewußte „Sinn" der Beziehungspunkt so verständlicher gesellschaftlicher Gebilde sein können, z. B. das Ausdrucksgefüge einer Sprache, deren Entstehung primär ja weder Zwecken dient noch Werte verwirklicht, oder die von der sozialistischen Theorie des „Überbaus" beobachteten Zusammenhänge zwischen wirtschaftlichen Gesellschaftslagen und kulturellen Haltungen[2]). Vergleichsweise

---

[1]) Vgl. etwa G. LUKACZ, Die Verdinglichung und das Bewußtsein des Proletariats, in: Geschichte und Klassenbewußtsein (Berlin 1923), 94ff.
[2]) Dazu A. STEIN, Der Begriff des Geistes bei Dilthey, Diss. Freiburg i. B. 1913, SPRANGER in Festschr. f. Joh. Volkelt (München 1918), 357ff.; H. FREYER, Theorie des objektiven Geistes (Leipzig 1920), A. v. SCHELTING im Arch. f. Sozialw. 49 (1922), 623ff., aber auch kritisch J. KELSEN in Zeitschr. f. Volksw. u. Sozialp., N. F. 1 (1921), 104ff., H. SCHMALENBACH in Dioskuren 1 (1922), 89ff., und jetzt SCHELER a. a. O. 6 Anm. und E. ROTHACKER, Das Verstehen in den Geisteswissenschaften, in: Mitt. des Verbandes der Deutschen Hochschulen 5 (1925), 22ff.

unwesentlich ist dabei, wie weit soziologisches „Verstehen" und Typisieren sich der klassischen Kausalitäts- und Wechselwirkungsbegriffe der aristotelisch-kantischen Kategorientafeln bedient oder sie etwa mit OTHMAR SPANN durch die Begriffe der Ganzheit und der gliedhaften Teilheit ersetzt. Auch die modernen Naturwissenschaften, zu denen damit die Soziologie in Gegensatz gebracht werden soll, sind heute in vollem Vorschreiten von dem substanziellen Gesetzesbegriff der klassischen Mechanik zu den relativitätstheoretischen Begriffen der Gleichförmigkeit, Funktionalität oder „Tendenz"[1].

IV. Der sozialpsychische Organismus.

Soll über die theoretische Einsicht in die Erkenntnisgrundlagen der Soziologie hinaus eine erste praktische Möglichkeit geschaffen werden, das Gefüge der gesellschaftlichen Beziehungen nicht bloß formal als ein „Zu- und Miteinander" oder „Aus- und Ohneeinander" (v. WIESE), sondern inhaltlich systematisch zu verstehen, so müssen Begriffe von der „sozialen Ausstattung des Menschen" (VIERKANDT), psychologisch gesprochen: von den „Vermögen" gebildet werden, die in irgendeiner erreichbaren Verallgemeinerung als treibende Kräfte hinter den Vorgängen der Vergesellschaftung anzunehmen sind. Jede historistische Annahme grundsätzlicher Verschiedenheiten im Gefüge einzelner gesellschaftlicher Zuständlichkeiten, eines „Pluralismus" von „Kulturkreisen", muß doch stets irgendwo den Maßstab eines letzten „Allgemeinmenschlichen" voraussetzen, das diese Verschiedenheiten als solche erst begreiflich macht. Seitdem die „Vermögenslehre" der älteren Psychologie mehr und mehr als ein falscher Begriffsrealismus aufgegeben worden war, hat die Soziologie mit einer bunten Reihe vermeintlich angeborener oder doch soziologisch nicht weiter zu zergliedernder seelischer Komplexe, der meist sog. Instinkte[2], als Grundgegebenheiten der Vergesellschaftung auszukommen versucht. Aber gerade diese sich ihrerseits neuerdings besonders wegen ihrer Mannigfaltigkeit und ihres Mangels an einsichtiger Ordnung als wissenschaftlich unzulänglich erwiesen, und namentlich die amerikanische Psychologie[3] ist auf der Suche nach einem zugleich allgemeingültigeren und beweglicheren Begriffsapparat zu einer kritischen Erneuerung des richtigen Kernes jener älteren Vermögenspsychologie gelangt. Eben für die Einbettung der Seele in die Gesellschaft ist es von der größten Bedeutung, daß jeder seelische Vorgang das Bild eines Kreislaufs von irgendwie gegebener äußerer Anregung durch eine im Gefühl gipfelnde Verarbeitung hindurch wieder zurück zu irgendeiner Abregung im Handeln nach außen zeigt. Diese drei in einer jeden punktförmigen Gegenwart miteinander vorhandenen Seiten seelischer Tätigkeit mögen hier (mit möglichst engem Anschluß an die Namen herkömmlicher psychologischer Arbeitsgebiete) Perzeption, Emotion und Aktion heißen.

Zu dieser Dreidimensionalität der Einzelseele aber kommt nun als das eigentliche Grundschema der Gesellschaft, d. h. vornehmlich von ihrer Verbundenheit ausgehend und getragen, sogleich eine zweite Eigenschaft: Die Beweglichkeit und tat-

---

[1] Darüber jetzt F. C. MILLS, On measurement in economics, in: R. G. TUGWELL (ed.), The trend of economics (New York 1924), 37ff., und F. H. KNIGHT, The limitations of scientific method in economics ebd., 229ff. Dazu B. RUSSELL, Our knowledge of the external world as a field for scientific method in philosophy (London 1914, ² 1922), 211ff., sowie K. RIEZLER, Über das Wunder gültiger Naturgesetze, Dioskuren 2 (1923).

[2] Vgl. neben VIERKANDT a. a. O. 58ff. hauptsächlich J. MAC DOUGALL, Introduction to social psychology 1908 u. ö.

[3] Doch vgl. bereits unabhängig davon C. BRINKMANN, Versuch einer Gesellschaftswissenschaft (München-Leipzig 1918), 37ff., und jetzt F. OPPENHEIMER, System der Soziologie 1 (Jena 1922), 210ff.

sächliche stetige Bewegtheit und Intensitätssteigerung der ganzen Apparatur in der Richtung von einfachem „impulsivem" Naturgegebensein über eine Stufe gewohnheitsmäßigen Verharrens und (zunächst unwillkürlichen) Einübens zur schließlichen Freiheit dessen, was die verschiedensten Entwicklungslehren der Kultur übereinstimmend als „Rationalität" oder „Reflexion" begreifen. Das Verständnis dieser sozialpsychischen Dynamik muß vorsichtig gegen allerlei unkritische Auffassungen geschützt werden. Zunächst gegen das Dogma der älteren Aufklärungssoziologie, daß die Geschichte der menschlichen Gesellschaft ein geradliniger und eindeutiger Aufstieg aus tierischem Triebleben zur vollkommenen „vernünftigen" Beherrschung und Ordnung aller Naturgegebenheiten sei. Auf der einen Seite zeigt der große naturgeschichtliche und auch „geschichtlich", d. h. soziologisch höchst folgenreiche Vorgang der Domestikation von Tierrassen, daß im Verkehr mit dem Menschen auch diese Arten entwicklungsgeschichtliche Wandlungen erleiden, die auf der Stufenleiter der Intensivierung von „Intelligenz" sowohl aufwärts als abwärts führen, mithin daß auch genetisch die Grenzen zwischen tierischen und menschlichen Vergesellschaftungsergebnissen fließen. Auf der anderen Seite würde schon die Dreifaltigkeit der seelischen Apparatur einen „Fortschritt" aller ihrer Teile zu den gleichen Zielen und in gleichen Zeitmaßen verhindern, selbst wenn die sozialpsychische Dynamik rein als Entwicklungsverlauf in der historischen Zeit zu verstehen wäre. Die Hauptsache aber, die erst von der jüngsten angelsächsischen Sozialpsychologie[1]) gebührend herausgearbeitet wurde, ist nun, daß zu irgendeiner noch so statisch gedachten gesellschaftlichen Zuständlichkeit, der primitivsten wie der „zivilisiertesten", stets alle drei Intensitätsstufen der sozialen Psyche miteinander ebenso notwendig gehören wie die Verbundenheit von Perzeption, Emotion und Aktion, ja daß sich der tieferen Beobachtung nicht die von der Aufklärung bevorzugte Rationalität, sondern die Bildung von Gewohnheiten (habits, behaviors) aus Impuls und Reflexion als der eigentliche Kraftmittelpunkt der Vergesellschaftungsvorgänge enthüllt.

Ich darf für das Folgende diese zweimal-dreifache Verbundenheit in schlichtester graphischer Darstellung veranschaulichen:

	Impuls	Habitus	Ratio
Perzeption	▨		
Emotion		▨	
Aktion			▨

Die Schraffuren sollen andeuten, daß trotz der grundsätzlichen Vollständigkeit, mit der die Intensivierung des Seelenlebens dessen sämtliche Seiten ergreift, doch vor dem Bewußtsein, und namentlich dem gesellschaftlichen Bewußtsein, jeweils bestimmte Seiten mit bestimmten Intensitätsstufen vorzugsweise verknüpft erscheinen. Unsere Auffassung der gesellschaftlichen und physischen Umwelt stellt sich auch sozial allzu leicht als unabhängig von Emotion und Aktion dar, ehe die soziologische Erkenntniskritik auf den Spuren der allgemein-philosophischen zeigt, wie außerordentlich häufig die Gesellschaft „für uns" sieht und hört, d. h. den Kreis unserer möglichen Beobachtungen und Erlebnisse durch Auslese auf dem Weg über Vorurteile, „Einstellungen" oder Ablenkungen absteckt. Ebenso nahe liegt es zu übersehen, daß jede Rationalisierung nicht bloß das bewußte Handeln, nein oft viel stärker und unerwarteter die minderbewußten Auffassungs- und Gefühlsweisen der Gruppen prägt. Am schwierigsten endlich ist die allseitige Bedeutung der Habi-

---

[1]) S. namentlich JOHN DEWEY, Human nature and conduct (New York 1923), dann auch die Bemerkungen von A. WALTHER in den Kölner Vierteljahrsh. 4 (1924), 21.

tualität im Gesellschaftsleben zu erkennen, denn die Romantik, die Überlieferungen ausschließlich in der Gefühlssphäre verwurzelt glaubt, geht hier ebenso fehl wie die naive Pädagogik oder Sozialreform, die infolgedessen mit einem bloßen unverbundenen Nebeneinander von „Anlagen" oder Naturtatsachen und willkürlich aufgestellten wie befolgten Imperativen auszukommen meint, ohne zu beachten, daß gewohnheitsmäßige Orientierungen und Tätigkeiten, auch abgesehen von aller Gefühlswertigkeit, der Lebensgrund aller gesellschaftlichen Verbundenheit sind. Der soziale Habitus ist so keine zweideutige Zwischenstufe zwischen einem Naturreich der Unschuld und dessen bewußter Wiederherstellung durch die befreite Vernunft, wie wohl die Aufklärung immer wieder annahm, sondern die Sicherung und der Schwerpunkt jedes statischen Gesellschaftssystems in seiner fortwährenden Erneuerung, aber auch Bedrohung durch die dynamischen Einflüsse der einseitigen, impulsiven Passivität gegenüber veränderten Lebensbedingungen und der ebenso einseitigen rationalen Aktivität in der rastlosen Entfernung von aller Naturbedingtheit. Wie alle sozial wirksame, d. h. Gesellschaften erhaltende Erziehung heranwachsender Geschlechter in der Überlieferung von Gewohnheiten, weniger im Sinne der Dressur als der Erwerbung praktisch-moralischer Fertigkeiten und „Bereitschaften", gipfelt, so ruht auch das innerste Leben und die Entwicklungsfähigkeit der Gesellschaft, die Gewähr ihrer „evolutionären" Gesundheit gegen „revolutionäre" Erkrankungen, in ihrem fortdauernden Vermögen, durch Anpassung an den stetigen Wechsel äußerer, „natürlicher" und innerer, geistiger Aufgaben immer neue Gleichgewichts-, Durchschnitts- und Ruhezustände zu erzeugen.

Die Begriffe der Krankheit und des Alterns von Gesellschaften stammen freilich wissenschaftsgeschichtlich aus dem Rüstzeug der „organischen" Soziologie, die ihre Methoden aus der Vergleichung mit der Physiologie der Organismen abzuleiten suchte. Aber der eine wie der andere[1]) verdienen doch ohne Ansehung dieses Ursprungs auf ihre Anwendbarkeit in der Gesellschaftswissenschaft kritisch untersucht zu werden. Wenn soziale Erkrankung letzten Endes allerdings nur immer die Abweichung von einem bestimmten statischen Normalsystem bedeuten und niemals eine „Heilung" durch dynamische Änderungen zu einer neuen Statik ausschließen kann, so ist es doch von keinem Standpunkt der soziologischen Vererbungslehre (s. u. S. 18f.) aus undenkbar, daß ein gewisses Maß von sozialpsychischer Intensivierung in der bezeichneten Richtung auf Rationalität bei physisch-abstammungsmäßig überwiegend geschlossenen Gruppen, seien es „Kasten" oder ganze „Völker", entsprechende Erscheinungen der Kräfteabnahme und dadurch bedingter Wehrlosigkeit gegen „Erkrankungen" hervorruft wie beim physischen Organismus der einzelnen Gruppenglieder.

Zu Erkrankungen des Gesellschaftskörpers werden neben den zahlreichen Möglichkeiten der psychophysischen Beziehungen zwischen den Einzelnen und den Untergruppen hauptsächlich die hier behandelten Ungleichmäßigkeiten der psychischen Gesamtentwicklung Anlaß geben. Hält man sich gegenwärtig, daß das Schema der Intelligenz-Intensivierung keine historische Stufenfolge, sondern eine jeder Gesellschaft in jedem Augenblick neu gestellte Aufgabe des seelischen Kräfteausgleichs wiedergibt, so wird erst klar, welche Gefahren einseitiger Gewichtsverteilung jede Statik und auch jede Dynamik der sozialen Psyche, nicht nur die „normale" Entfaltung der modernen kapitalistisch-mechanistischen Kultur, bedrohen. Namentlich die ungleiche Intensitätsbetonung der psychischen Apparatur legt dabei die Übertragung der neueren, von SIGMUND FREUD[2]) begründeten Theorien über die „Verdrängung" seelischer „Komplexe" von dem einzelseelischen auf das gruppen-

---

[1]) Dies gegen OPPENHEIMER 1, 413ff. Für staatliches Absterben vgl. die (freilich etwas unkritischen) Ausführungen bei R. KJELLÉN, Der Staat als Lebensform⁴ (Berlin 1924), 185ff.
[2]) Vgl. besonders sein Buch: Massenpsychologie und Ich-Analyse (Leipzig-Wien-Zürich 1921) und dazu W. VLEUGELS in den Kölner Vierteljahrsheften 3 (1924), 42ff., 170ff.

seelische Gebiet nahe. Und zwar würde da nicht bloß die Analogie zwischen modernen und primitiven Kulturen, etwa in der von FREUD selbst bevorzugten Vorherrschaft verdrängter sexualer Antriebe, sondern auch die umgekehrte Frage zu untersuchen sein, wieweit der Verdrängung emotionaler und perzeptiver Seelentätigkeiten durch gesteigerte Rationalisierung auf primitiveren Stufen eine Verdrängung oder Verkleidung des aktiven Verhaltens durch die Impuls- und Instinktbestimmtheit z. B. in der Form des religiösen oder metaphysischen Verhaltens entspricht. Dieses würde dann ebenso gut und oft „praktische" wie umgekehrt die praktisch-rationale Haltung moderner Gesellschaften religiöse oder metaphysische „Bedeutung" haben können. Auch den verdrängten sozialpsychischen Komplexen gegenüber aber lehrt gerade die organische Verbundenheit der Seelentätigkeiten und Intelligenzstufen die Berechtigung des neuerdings besonders von CHARLES BAUDOUIN[1]) gegen FREUD betonten Bedenkens, daß noch nicht die bloße rationale Heraufhebung solcher Komplexe ins Bewußtsein, sondern erst ihre Auflösung in dem Gesamtapparat der instinktiven und habituellen Tätigkeiten Heilung und Harmonie bringen kann.

V. Die Irrationalität als soziologischer Grundbegriff.

Erst die Einsicht in den eben geschilderten sozialpsychischen Organismus läßt nun den oben (S. 2f.) wissenschaftsgeschichtlich umrissenen Hauptsinn der soziologischen Forschung ganz verstehen. Daß gesellschaftliche Entwicklung gleichsam mit ihrer Spitze auf Intelligenz und Rationalität ausgerichtet ist, hat in jedem Gesellschaftssystem (nicht nur in dem modern-rationalistischen) zur Folge, daß sich die Aufmerksamkeit bei gesellschaftlich bedeutungsvollen Vorgängen vornehmlich deren rational verständlichen Seiten zuwendet oder ihnen solche sogar zuschreibt. Nicht als ob nicht das Bedürfnis nach dem Irrationalen in allen Systemen sehr groß wäre: Aber auch dieses wird sehr häufig subjektiv in Formen des rationalen Geschehens gekleidet; noch das Wunder wird als von Göttern oder göttlich Begnadeten „gemacht" Gegenstand des Glaubens.

Demgegenüber ist es ein wesentliches Geschäft der Soziologie, in dem Geflecht der gesellschaftlichen Motivationen die nicht rationalen Antriebe und Einflüsse aufzusuchen. Nicht mit Unrecht hat deshalb PARETO[2]) sein System der allgemeinen Soziologie geradezu auf eine Systematik dieser „actions nonlogiques" und der von ihnen gebildeten unerklärbaren Restbestände (résidus) alles Handelns aufgebaut, wobei er übrigens die treffende Einschränkung macht, daß die wissenschaftliche Bezeichnung von Motivationen als rational oder irrational natürlich ihrerseits von dem relativen Standpunkt des Betrachters zu diesen Begriffen abhänge. In dem von ihm angeführten Beispiel der antiken Poseidonopfer, deren Nutzlosigkeit für die Navigation „wir zu erkennen glaubten", wird es der psychologisch besonnene Soziologe sogar nicht erst auf eine mögliche „Entdeckung" des Gegenteils ankommen lassen, sondern auf alle Fälle damit rechnen, daß das Bewußtsein der religiösen Formenstrenge (und nicht nur dieser) in allem gesellschaftlichen Tun anderen, „objektiven" Sicherungen ebenbürtig zur Seite stehen kann.

Aber nicht das bloße Dasein dieser Irrationalitäten ist das Problem. Es ist vielmehr zu erforschen und begreiflich zu machen, auf welche Weise die sozialpsychische Apparatur sie mit rationalen Motivationen in der sozialen Funktion verknüpft. Will man auch hier die Rationalität des Handelns, das im Streben nach Zwecken und

---

[1]) S. besonders Suggestion und Autosuggestion, übers. von P. AMANN (Dresden 1922).
[2]) Soc. gén. 1, 65ff., 450ff.

Werten die „Kausalreihe" des Naturgeschehens „teleologisch" umkehrt, stetig aus diesem Naturgeschehen selbst aufsteigen sehen, so genügt der Hinweis auf die (von ERICH BECHER sog.) „fremddienliche Zweckmäßigkeit" gewisser tierischer Handlungen wie besonders der „symbiotischen" Funktionen in der Lebensgemeinschaft mit pflanzlichen oder anderen tierischen Organismen, wo über die durch KANTS Kritik der Urteilskraft berühmt gewordene „Naturteleologie" der mechanistischen Physis hinaus die phänomenologische Tatsache eines animalischen Trieblebens mit diesem gänzlich entzogenen „objektiv" zweckmäßigen Erfolgen (z. B. Blumenbesuch und Fortpflanzungssysteme bekannter Insektenarten) gegeben ist[1]). Dieser allgemeinen Naturerscheinung, deren soziologisches Analogon etwa HEGELS „List der Idee" bildet, schließen sich dann parallele Tatbestände des besonderen menschlichen Seelenlebens an, die anstatt der (beim Tierinstinkt wenigstens immer möglichen) Erstarrung einmaliger (objektiv) zweckmäßiger Handlungen durch „Einübung", oft auch in Fortführung, gleichsam Wiederauflösung einer solchen Erstarrung durch einen allmählichen Wandel des bloß Kausalen und objektiv Zweckmäßigen zum subjektiv Zweckhaften gekennzeichnet sind. Wohl als der sozial folgenreichste dieser Tatbestände ist nach den heutigen Ergebnissen der ontogenetischen und phylogenetischen Forschung die Sprache anzusehen, deren „Entstehung" bei der Menschengattung und ebenso immer wieder von neuem bei dem Einzelmenschen die typische Umbildung bloßer ausdrucksfunktioneller, „unwillkürlicher" Reaktionen in ein wachsend rationalisiertes und „stilisiertes" und damit für immer größere Gruppen objektiviertes System von Zeichen für „Gegenstände" zu sein scheint[2]).

Innerhalb der grundsätzlichen Durchdringung mit Rationalität, wie sie demnach schon dem primitivsten sozialpsychischen Dasein eignet, sind nun aber mannigfaltige Kombinationen der rationalen Antriebe mit irrationalen und miteinander zu scheiden. In der Zeitfolge fällt zunächst der besonders von WILHELM WUNDTS Völkerpsychologie herausgearbeitete Zweckwandel der gesellschaftlichen Verhaltungsweisen und Einrichtungen auf, die „Heterogonie der Zwecke"[3]), wonach gemäß dem sog. Prinzip der schöpferischen Synthese schon der die teleologische Erwartung übersteigende oder enttäuschende Wirkungserfolg eines Handelns (und dies braucht natürlich nicht stets ein synthetisches zu sein) andere als die beabsichtigten Zweckrichtungen ins Bewußtsein und damit auch in die tatsächlichen Zwecksetzungen einführt. Diese Entwicklungsbahn ist namentlich geeignet, die Bedeutung des sozialen Habitus hervortreten zu lassen, denn dieser ist sozusagen nichts anderes als jenes durch die Zweckheterogonie erreichte, stetige und sprunglose Übergehen der Gesellschaft zu immer neuen, aber durch die Abhängigkeit vom äußeren Erfolg, d. h. die Impulsstufe mit den früheren immer eng verbundenen und daher niemals rein rationalen Zielstellungen: Es handelt sich der Regel nach nicht so sehr um eine Veränderung als um die für alle Sozialgeschichte so wichtige Bereicherung und Vervielfachung der Zwecke.

In dieser selbst jedoch sind es wieder noch zwei wesentliche Typen der Verbindung von rationaler und irrationaler Motivation, die für soziologisches Verstehen geradezu konstitutiv werden. Der eine ist der Wechsel von sozialer Repression und Prävention[4]) des einzelmenschlichen Verhaltens mit der Grundform: Ein Handeln, das zunächst erst nach seinem Vollzug von der Gesellschaft beachtet und nun durch

---

[1]) S. die letzte Zusammenfassung bei P. LUCHTENBERG, Das Lebensrätsel des Instinktiven 1 (F. Manns Pädagog. Magazin 1004), Langensalza 1925.
[2]) Vgl. PARETO, Soc. gén. 73 und die dort Zitierten, sowie jetzt H. GUTZMANN in Kafkas Handbuch 2, 1 ff.
[3]) S. letztens O. KLEMM in Festschr. f. Joh. Volkelt 173 ff.
[4]) Ich entlehne diese Bezeichnungen verallgemeinernd einer berühmten Theorie ADOLPH WAGNERS (Grundlegung ² [Leipzig-Heidelberg 1879] 326 ff.) über die Entwicklung der Staatstätigkeit.

Anerkennung oder Verwerfung, „Belohnung" oder „Strafe" positiv oder negativ ausgezeichnet wird, begründet unter Umständen bereits durch die einmaligen Folgen, je nach seiner Häufigkeit aber hauptsächlich mittelbar durch entsprechende „Satzung" von Sitte oder Recht seitens der Gesellschaft einen rationalen Motivenkomplex, der ganze Zusammenhänge und Arten des Handelns als „normal" bezweckt und damit auch dem Einzelnen zur Wahl stellt. Freilich ersteigt diese teleologische Rationalisierung nicht immer die höchste Stufe bewußter Willkür und verharrt jedenfalls nur selten auf ihr, verdankt vielmehr im Durchschnitt gerade der „Übung", dem Habitus ihre Festigkeit: Weder die Gesellschaft noch der Einzelne „weiß" in der Regel, daß (und was für) ein bestimmter Normaltypus von ihr konventionell erzwungen wird. Und so muß denn immer erneut die Repression des unerwarteten Normwidrigen der präventiven Fürsorge für die Vermeidung des erwarteten zu Hilfe kommen. Indessen gelegentlich ist es nicht der kausale Repressionserfolg, der vereinzelt auf einem Meer teleologisch orientierter Prävention schwimmt, sondern eine bereits normal, d. h. hier kausal gewordene Motivation wird plötzlich gleichsam von außen her, durch überlegene Einsicht oder Willenskraft meist eines Führers, aufgelockert und teleologisch umgedreht oder gesteigert: Caesar wirft die Fahne, die schon mit seinen Leuten zurückzugehen im Begriff ist, unter die Feinde, damit sie nicht mehr rückwärts, sondern vorwärts führe. Hier ist nun bereits die Grenze des zweiten wesentlichen Typus rational-komplexer Motivationen, den ich die Motivzweideutigkeit genannt habe[1]): Der triviale Fall, daß zum Zustandekommen eines sozialen Verhaltens mehrere Antriebe ganz verschiedener, ja entgegengesetzter Stufenform und Wertsphäre beitragen, wird soziologisch dadurch bedeutsam und regelhaft, daß sich diese Antriebe erstens als reale psychische Größen auf verschiedene vertikale, d. h. in Herrschaftsverhältnissen einander zugeordnete Schichten verteilen, und daß im Zusammenhang damit zweitens auch die Pragmatik, d. h. die Beachtung und Bewußtheit dieser Antriebe eine eigenartige Verteilung erfährt. Dieser Typus, der im politischen Handeln als „Machiavellismus" aus den Kreisen der Herrschenden heraus noch früher als von den kritischen Soziologen der Revolutionszeitalter beschrieben worden ist, ergibt sich ohne weiteres aus dem soeben geschilderten Wechsel von Repression und Prävention. Denn „die Gesellschaft", die beide Methoden der Normalisierung handhabt, ist auf allen rationaleren Stufen natürlich irgendeine Führung oder Führerschicht, und deren Interesse trifft ebenso natürlich die Auslese nicht nur unter den wählbaren Verhaltungsweisen, sondern auch unter den Möglichkeiten ihrer Bewertung, den von Pareto sog. Derivationen[2]). Jede Gesellschaft neigt dazu, nicht bloß „Legalität" des Verhaltens zu fordern, sondern auch an seine „Moralität" mindestens glauben zu machen. In diesem Sinne betrifft die neuere soziologische Erkenntnis von der wirtschaftlichen Bedingtheit auch „idealer" Gesellschaftsvorgänge bis zu ihrer Übertreibung in der marxistischen Überbaulehre lediglich einen Sonderfall des allgemeineren Schemas, das allenthalben in der Gesellschaft Mischungen idealer und „realer" Motive mit täuschend einseitiger Betonung der einen oder der anderen Reihe zeigt.

Die Fruchtbarkeit der Überbaulehre und der ganzen, schon von den frühesten Soziologen vorgebildeten materialistischen Geschichtsauffassung liegt, außer in ihrem heuristischen Wert für die Erforschung der „realsoziologischen" Motivationen überhaupt, in der Schärfung der Methoden für die Feststellung der verschiedenen Arten und Grade von Motivzweideutigkeiten. Daß nach dem sozialistischen Schlagwort alle Staats-, Religions-, Kulturgeschichte wenigstens teilweise als Ausdruck von Macht- und Klassenkämpfen zu gelten habe, ist eigentlich weniger Ergebnis

---

[1]) Gesellschaftswissenschaft 40 ff.
[2]) Soc. gén. 785 ff.

als Programm soziologischer Untersuchungen: Was für Machtmittel und Klassenschichtungen sind das gewesen und in welchen typischen Weisen haben sie mit jenen „Ideologien" in Beziehung gestanden[1])? Für die Beantwortung dieser Frage liefert die sozialpsychische Systematik einen wichtigen formalen Fingerzeig. Rationalisierung gesellschaftlichen Lebens gestaltet begrifflich die mehrdeutigen Motivkomplexe auf zwei entgegengesetzte Weisen. Sie erscheint einerseits als das subjektive Privileg der Führer und Führerschichten, das sie in den Stand setzt, nach machiavellistischen „Staatsgeheimnissen" das impulsive und habituelle Gefüge der Antriebe in den von ihnen gelenkten Massen zweckvoll zu ihren Gunsten zu erhalten oder zu verändern. Aber sie ist anderseits auch die objektive „Aufklärung", die das Gewebe der herrschaftlich gewollten oder begünstigten Motivzweideutigkeiten auftrennen und auf einfache Zweckbahnen zurückführen zu können glaubt. Das eine Mal tritt also die Rationalität, das andere Mal gerade umgekehrt die Irrationalität als Schöpferin der eigenartigen sozialen Motivenknäuel auf. In der Wirklichkeit werden diese beiden begrifflichen Bilder selten so rein und unvermischt anzutreffen sein. Keine rationale Führung, die nicht selbst gut- oder bösgläubig in die irrationalen Antriebe der von ihr beherrschten Gruppe (wie z. B. die Kriegspläne der Herrscher in die kriegerischen Instinkte der Völker und Klassen) tief verflochten wäre, zugleich aber (wie in dem typischen Verhältnis des Machiavellismus der Renaissance zur Soziologie des Barock oder des Liberalismus zum Sozialismus) wenigstens unbewußt und ungewollt zur Totengräberin ihrer eignen Motivtäuschungen würde; keine „Aufklärung" wiederum, die nicht wenigstens unbewußt der Entstehung neuer rationaler Herrschaftssysteme diente und dabei in reichem Maße alte Irrationalitäten mit verwendete oder sogar neue schüfe[2]).

Besteht so eine der wichtigsten Aufgaben der Soziologie in der Korrektur des naiven und populären allzu einfachen Bildes, das Fremd- und Eigenbewußtsein mit oder ohne Tendenz von den Motivkomplexen der gesellschaftlichen Vorgänge zu entwerfen lieben, so ist gleichsam im Rückschlag (wenn auch tatsächlich im engsten Bezug) auf diese skeptisch-realistische Forschungsrichtung eine andere, fast ebenso alte damit beschäftigt gewesen, in positiv-idealistischen Untersuchungen die nicht minder naiven Vorstellungen von der gesellschaftlichen Leistung des Primitiven und Irrationalen an sich zu vertiefen. Erkannte man die bewußte Pragmatik der Gesellschaft überall als unterbaut mit dem Unbewußten, so war der natürliche nächste Schritt, auch dies Unbewußte selbst, die verachtete oder doch wenigstens der Wissenschaft grundsätzlich unzugänglich erachtete Sphäre des „Barbarischen", „Dunklen" und „Nichtlogischen", als eine sinnvolle Welt für sich zu erkennen. Dieser Aufgabe hat sich ein Teil der Aufklärungsphilosophie lange vor ROUSSEAUS Naturanbetung mit Leidenschaft gewidmet, und es ist sehr merkwürdig, daß gerade im Vaterlande des Machiavellismus GIAMBATTISTA VICO[3]) die erste umfassende Theorie von den vorrationalen Wurzeln der Gesellschaft ersann. Diese ist dann vor allem in Deutschland von JOHANN GEORG HAMANN und JOHANN GOTTFRIED HERDER fortgebildet worden und bis zu ihrer Wiederaufnahme durch HERMANN COHENS Schüler ERNST CASSIRER[4]) gegenüber den verwandten Bestrebungen der Romantik (z. B. FRIEDRICH SCHLEGELS Phantasien vom „Urvolk") selbständig geblieben, weil es ihr nicht so sehr wie dieser um die Versenkung in die Inhalte, sondern um das Verständnis der Formen des Vorrationalen zu tun ist. Zum Problem wird hier besonders die eigentümliche Lebenseinheit, die die Geistigkeits- und

---

[1]) Vgl. jetzt E. LEDERER, Aufgabe einer Kultursoziologie, Erinnerungsgabe für Max Weber 2, 145ff.
[2]) Treffliche Beispiele dafür jetzt bei MEINECKE, Staatsräson 242, 256.
[3]) Scienza Nuova, letztens 1744, neue Ausg. von E. AUERBACH, München 1925.
[4]) Philosophie der symbol. Formen, 2 Bde. Berlin 1923f. Vgl. auch meine diese Forschung soziologisch vielfach antizipierenden Bemerkungen, Gesellschaftswissenschaft 117ff.

Tätigkeitsformen des primitiven Menschen untereinander und mit einer vom Ich noch fast ungeschiedenen Umwelt verbindet. Für diese Einheit hat die moderne Völkerkunde nach der Seite der Tätigkeit den Begriff des „Magischen", die moderne Philosophie nach der Seite der Weltauffassung den Begriff des „Mythischen" und „Symbolischen". Erkenntnistheoretisch ist sie von CASSIRER namentlich an den Erscheinungen der Sprache und der Religion untersucht worden mit dem Ergebnis, daß ihr eigentliches Wesen in einer Ungeschiedenheit von Ding und Bedeutung, Tatsache und Wert bestehe und sich nur ganz allmählich durch „dialektische" Prozesse in diese der rationalen Haltung gewohnten Gegensätze zerlege.

Soziologisch ist es nun vor allem wichtig, diese Lebenseinheit auch auf anderen, z. T. den Brennpunkten gesellschaftlichen Daseins noch näheren Gebieten aufzufinden. Wie der logische und religiöse Sinn der Welt, so und noch viel mehr ist auch ihr rechtlicher und ästhetischer Sinn dem Primitiven durch seine bloße selbstverständliche Existenz in seiner gesellschaftlichen Umgebung verbürgt. Das Seiende und namentlich das schon Gewesene, in der Überlieferung Herkömmliche ist ihm gerade im Verhältnis des Einzelnen zur Gruppe das Seinsollende, für Sittlichkeit und Schönheit Maßgebliche. Hierher würden also alle die Forschungen gehören, die die Formen und Bedingungen von Volksrecht, Volkswillen, Volkskunst usw. im Sinne der sog. Volkskunde (engl. Folklore) zum Gegenstand haben und die mit entscheidender Übereinstimmung als das Wesentliche dabei die Einheit der geistigen Tätigkeiten, vor allem in bezug auf die Kategorien des Wirklichen und des Wertvollen, aufweisen. Die systematischste Leistung ist bisher die KARL BÜCHERS, dessen großartiger Induktion es gelang, in der Erscheinung des Rhythmus das festeste Bindeglied zwischen der wirtschaftlichen Arbeit und der ästhetisch betonten Energieumformung, zuvörderst in Sprache, Lied und Tanz, damit aber ganz allgemein eine der tiefsten Wurzeln primitiver mythisch-symbolischer Weltauffassung zu entdecken[1]. Damit ist keineswegs, wie man neuerdings behauptet hat, die Soziologie der Kunst ökonomisch materialisiert; denn in dem gleichen Kreislauf, der die künstlerischen Triebe und Gestaltungen an wirtschaftliche und körperliche Bedürfnisse anknüpfen läßt, entfalten jene nichtsdestoweniger erst ihre volle Selbständigkeit, die umgekehrt auch das Physische und Ökonomische ergreift und in eigenartigen Kultursystemen durchbildet. „Poesie ist die Muttersprache des menschlichen Geschlechts; wie der Gartenbau älter als der Acker: Malerei — als Schrift: Gesang — als Deklamation: Gleichnisse — als Schlüsse: Tausch — als Handel. Ein tieferer Schlaf war die Ruhe unserer Urahnen und ihre Bewegung ein taumelnder Tanz[2]."

VI. Der Haushalt der sozialpsychischen Kräfte.

Das kritische Gleichgewicht zwischen der skeptisch-pessimistischen und der symbolisch-optimistischen Auffassung von den Grundlagen der Gesellschaftsentwicklung ist nur von einer Soziologie zu bewahren, die für den stetigen Zusammenhang, aber auch die begrenzte Spannweite der sozialpsychischen Kräfte das rechte Maß hat. Innerhalb dieser qualitativen und quantitativen Maße müssen sich diese Kräfte in dem Einzelnen wie in der Gruppe von Augenblick zu Augenblick wie von Stufe zu Stufe der Entwicklung jeweils zu neuen Ordnungen zusammenfügen. Ein neuerer Rechtssoziolog[3] hat das im Anschluß an die Philosophie von RICHARD

---
[1] Arbeit und Rhythmus⁶ (Leipzig 1924), 377 ff. Das Folgende gegen O. SPANN, Zeitschr. f. Volkswirtsch. u. Sozialpol., N. F. 4 (1924), 569.
[2] HAMANN, Aesthetica in nuce, GILDEMEISTRE 2, 351.
[3] F. W. JERUSALEM, Soziologie des Rechts 1 (Jena 1924), 74 ff.

AVENARIUS und ERNST MACH die „Reduktion" der gesellschaftlichen Tätigkeitsformen genannt, vermöge deren sich diese, vor allem in den Vorgängen der Zerlegung und Spezialisierung, nach dem Prinzip der „Ökonomie", der bestmöglichen Zweckmittelbeziehung, verlagern, einschränken und verstärken. Natürlich sind aber dabei nicht nur die objektiven Formen, sondern auch die subjektiven Inhalte der sozialen Tätigkeiten zu berücksichtigen. Entwicklungsgeschichtlich werden also namentlich in der primitiven Gesellschaft über den Unterschieden von der modernen die Entsprechungen zu ihr und ebenso in der modernen Gesellschaft die Entsprechungen und mehr noch die Rückstände des Primitiven zu beachten sein. Es ist gleich falsch, den primitiven Menschen oder das Kind mit der skeptischen Soziologie als „Wilde" und mit der symbolischen als überlegene Wesen zu deuten. Die kritische Soziologie hat z. B. zeigen können, daß es sich bei den bekannten erstaunlichen Leistungen der Sinnesorgane von Naturvölkern (etwa dem Spürsinn der Indianer) weniger um natürliche Verschiedenheit der Eigenschaften als um Tatsachen der (überwiegend sozialen) Einübung und Ausbildung handelt[1]). Und wenigstens innerhalb des Bereichs der leichter vergleichbaren primitiven Kulturen selbst glaubt man zu sehen, wie die höhere Rationalität, die „Weiträumigkeit" der sog. vaterrechtlichen Gesellschaften gegenüber den sog. mutterrechtlichen durch ein Zurücktreten der bildkünstlerischen Gestaltungstriebe bedingt und sozusagen erkauft wird[2]).

Allgemein wird unter dem Gesichtspunkt der Stetigkeit und des Haushalts der sozialpsychischen Kräfte vornehmlich das Problem zu erörtern sein, wie sich Beharrung und Neuerung in bezug auf ihre sozialen Hauptergebnisse, Einförmigkeit und Unterschiedlichkeit des Gesellschaftsdaseins, zueinander verhalten. Sei es z. B., daß man mit DURKHEIM von der Grundtatsache der gesellschaftlichen Zwangsläufigkeiten (faits sociaux) ausgeht, oder daß man mit TARDE diese erst aus dem beständigen Widerspiel von „Erfindung" (invention) und „Nachahmung" (imitation) ableitet, immer bleibt für die Gesellschaft im ganzen ebenso wie für die Teilgebiete ihres Lebens, etwa die Ökonomik, zu fragen, wie ein gegebener Gleichgewichtszustand ihrer Kräfte durch einzelne Störungen oder Veränderungen von außen oder innen dynamisch in Bewegung gerät und doch alsbald wieder durch entsprechende Vorgänge des Ausgleichs und der Anpassung einer neuen Statik zustrebt. Sowohl die Gesellschaftsanschauungen, die (im Verfolg einer schon beim Primitiven typischen Pragmatik) gesellschaftliches Geschehen vor allem auf die Tatsachen der „Führung" durch Einzelne aufbauen, wie diejenigen, die auch Führung und jede andere soziale Differenzierung hauptsächlich wiederum sozial, d. h. in der Auseinandersetzung von Teilgruppen (den „Klassenkämpfen" der sozialistischen Theorie) begründet finden, müssen sich in dieser Frage begegnen[3]).

Die kritische Soziologie hat darüber zunächst zu lehren, daß auch sehr erhebliche Maße von Veränderung und Differenzierung ohne Zuhilfenahme plötzlicher und grundsätzlicher Wendungen, Katastrophen und „Wunder" vorstellbar und allenthalben zu beobachten sind, einmal in der Form der Anpassung gesellschaftlicher Gefüge an ihre absolut (z. B. klimatisch, wie in den vorgeschichtlichen Erdperioden) oder relativ (wie in dem Hauptfall des „Nahrungsspielraums") wechselnden physischen Lebensbedingungen, sodann und vor allem aber sozialpsychisch in der ewigen Form der bloßen Wechselbeziehungen zwischen Einzelnen und Teilgruppen. Die beiden Pole der differenzierenden Initiative und des uniformierenden Habitus stehen einander im gesellschaftlichen Verlaufe in Wirklichkeit nur ausnahmsweise gesondert gegenüber, sind vielmehr der Regel nach in den Trägern der sozialen Wechsel-

---

[1]) VIERKANDT, Stetigkeit im Kulturwandel (Leipzig 1908), 64ff.
[2]) F. GRAEBNER a. a. O. 67ff.
[3]) Vgl. jetzt F. v. WIESER, Die Grundform der gesellschaftlichen Verfassung: Führer und Masse, Arch. f. Rechts- und Wirtschaftsphilos. 17 (1924), 474ff. und besonders MAX GRAF SOLMS, Fürwirkende Schichten, Kölner Vierteljahrsh. 4 (1925), 140ff.

beziehungen sowie in deren sozialpsychischem Inhalt selbst durch stetige Übergänge miteinander untrennbar verbunden. Gewiß täuscht innerhalb der Fremdsphäre primitiver Gesellschaft das Maß der individuellen Unterschiede zwischen den Gesellschaftsgliedern den geistigen Blick ebenso leicht wie bei fremden Rassen das Auge. Aber zu dieser subjektiven Anähnlichung fremdsozialer Tatbestände kommen allemal starke objektive Ähnlichkeiten innerhalb weiterer oder engerer Gruppen: Auch bei Naturvölkern herrscht die physische und psychische Differenz in oft überraschendem Grad, aber sie wächst sich in weniger gegliederten Gesellschaftsgefügen weniger leicht zu sozialer Differenzierung aus. Gewiß lassen sich begrifflich mit TARDE die einzelnen Bahnen der sozialpsychischen Beeinflussung etwa in solche der Erkenntnissphäre und der Aktionssphäre scheiden (denen nur noch das Zwischengebiet des Emotionalen, der „Sympathie" im weitesten Sinne als das sozial wichtigste, die beiden anderen eigentlich zusammenhaltende hinzuzufügen wäre) oder mit VIERKANDT die einzelnen Verhaltungsweisen vergesellschafteter Gliedwesen in solche, die auf gegenseitige Anerkennung, auf Herrschaft des einen über das andere oder endlich auf den zwischen beiden noch unentschiedenen Kampf hinauslaufen. Aber alle diese Scheidungen dürfen nicht vergessen, daß sie stets nur in gröbsten Durchschnittsfällen zur tatsächlichen Anwendung kommen können und gerade die Untersuchung gesellschaftlicher Dynamik in das Zwielicht der feineren Beziehungen und Beziehungsinhalte hinuntersteigen muß. Wo ist die Grenze zwischen der „bloßen Mitteilung", die lediglich die Kenntnis eines Sachverhalts von einem Gesellschaftsteil auf den anderen zu übertragen scheint, und den unzähligen möglichen Ausdrucksformen des „Befehls", der darüber hinaus ein Handeln oder Verhalten des anderen herbeizuführen bezweckt? Gibt es nicht „Mitteilungen", die auch bei völligem Fehlen dieses (selbst unterbewußten) Zwecks stärkste „Befehls"-Wirkung haben, und hat nicht umgekehrt vielleicht die Mehrzahl der im Rahmen einer statischen Gesellschaftsverfassung ausgesprochenen „Befehle" ihre tatsächliche Verbindlichkeit in allgemeinen Beziehungen, die ganz außerhalb des einzelnen Befehlsakts liegen und diesen in Wahrheit mindestens zur reinen „Mitteilung" herabdrücken[1]?

Geht so überall im Gesellschaftsgeschehen Auszeichnung und Führung einerseits stetig aus Einförmigkeit und Geführtsein hervor, anderseits ebenso stetig wieder in sie ein, so wird man auch im ganzen erwarten, die Gesellschaftsentwicklung unter diese Polarität gestellt zu sehen. Mit Recht hat die neuere amerikanische Soziologie[2] die Aufmerksamkeit darauf gelenkt, daß Differenzierung und Integration der Gesellschaften im Grunde nur zwei verschiedene Aspekte eines und desselben Lebensvorgangs sind, nach außen im selben Maße und auf derselben Stufenleiter des sozialen Bewußtseins trennend wie nach innen verbindend. Und selbst das ist noch eine zu enge Fassung: Wie im Begriff des „Fremden" für jede soziale Stufe die Vorstellungen eines negativen, feindseligen und eines positiven, eines „Gast"-Verhältnisses seltsam widerspruchsvoll und gespannt nebeneinander liegen, so ist für den schärferen Blick auch in der innergesellschaftlichen Differenzierung die Integration, in ständiger Trennung die Verbundenheit, in dem Vorrecht des Führers die Abhängigkeit von den Geführten allemal irgendwie mit gesetzt. Nicht umsonst ist die erste Verabsolutierung des Führertums in den unumschränkten Monarchien der von der Ethnologie sog. Hochkulturen Afrikas, Indiens, Chinas durchweg mit dem höchsten Grade von Entpersönlichung der Königsgewalt verknüpft, deren Träger, dem Volke oft ganz unsichtbar, desto mehr der Bewährung, Absetzung, ja Tötung unterworfen erscheint,

---

[1] Über den kollektivistischen Charakter der sog. Erfindungen und Entdeckungen s. jetzt die trefflichen Zusammenstellungen bei F. W. OGBURN, Social change with respect to culture and original nature (New York 1923), 80 ff.
[2] F. H. GIDDINGS, Studies in the theory of human society (New York 1922), 291 ff.

je unantastbarer und ewiger sie selbst im Sinne eines ersten primitiven Staatsgedankens gedacht wird[1]).

Erst von dieser Polarität der Verbundenheit und Fremdheit, Integrierung und Differenzierung aus wird auch der Begriff des Ressentiments soziologisch ganz verständlich, den FRIEDRICH NIETZSCHE an dem berühmten Beispiel der vermeintlichen „Sklavenmoral" des Christentums zum Angelpunkt des ethischen Klassenkampfs gemacht und den neuerdings SCHELER[2]) mit Glück nach dieser Richtung ausgebaut hat. Daß zum Maßstab eines Gruppenverhaltens das konträre Gegenteil des insgeheim bewunderten und beneideten Verhaltens einer sozial übergeordneten Gruppe zu werden vermag, wäre gegenüber der Regel der Nachäffung oberer durch untere, herrschender durch beherrschte Gesellschaftsglieder sehr schwer begreiflich, wenn nicht sozial, wie in der positiv bewundernden Wertung die negativ „beneidende" (d. h. wörtlich hassende), so umgekehrt in der Verwerfung und Umkehrung sozialer Ideale immer auch irgend etwas von anerkennendem Zusammenhang damit gesetzt wäre. Und zwar nicht bloß von jenem Seinszusammenhang, in dem sich der Skeptiker KARNEADES ironisch mit seinen stoischen Gegnern verknüpft fühlte ($εἰ μὴ γαρ ην Χρύσιππος, οὐκ ἂν ἦν ἐγώ$), sondern von jenem tieferen Wert- und Sinnzusammenhang, in dem etwa die katholische Kirche dogmatisch noch den Ketzer in ihre Liebesgemeinschaft einbezieht: Hinter der Differenzierung steht das Integrale, hinter der Besonderung das Allgemeine sozusagen als das Ursprünglichere und Umfassendere da, und hinter dem Haß der Klassen, Bekenntnisse, Volkstümer stehen so, gerade weil dieser Haß immer wieder Ressentiment, verstecktes Richtungnehmen aneinander wird, auch immer wieder die durchaus nicht bloß rationalistischen[3]) Einheitsvorstellungen des Volksganzen, der „Katholizität", der „Internationalität".

Dem sozialpsychischen Kontinuum zur Seite will auch das durch die psychophysischen Gesellschaftsgrundlagen untrennbar daran gebundene physische Kontinuum der sich fortpflanzenden Menschengesellschaft von der Soziologie beachtet werden. Auch hier kehrt das Problem des Wechsels zwischen statischen und dynamischen Elementen der Entwicklung in der Form der vielumstrittenen Gesetze der natürlichen Auslese und Vererbung wieder. Die ursprüngliche DARWINische Descendenztheorie war und ist ihrem Ursprung aus der MALTHUSischen Bevölkerungstheorie gemäß ganz auf den äußeren Mechanismus der „Anpassung" gegebener Lebensformen an gegebene Lebensbedingungen und in schroffem Gegensatz dazu dann ebenso ausschließlich auf die innere Steigerung günstiger Lebensformen durch Züchtung abgestellt — letzten Endes, sowohl was den Eintritt der zufälligen „Mutationen" wie was den der ebenso zufälligen Kreuzungen betrifft, dazu angetan, in ihrer Anwendung auf den gesellschaftlichen Menschen zu einer Theorie höchster, katastrophaler Dynamik zu werden, die ein Gegeneinander blinder Rasseneigenschaften und nicht weniger blinder Naturwiderstände zeigt. Denn wenn nun die „Rassentheorien" des Nationalismus im späteren 19. Jahrhundert an die Stelle der „natürlichen Zuchtwahl" eine kaum minder mechanische künstliche der Gesellschaften und Staaten zu setzen versuchten, so lag darin nicht nur eine den passiven Malthusianismus weit überbietende aktive Roheit, sondern vor allem die Verblendung gegen die Unmöglichkeit eindeutiger Zielsetzungen für eine solche politische oder hygienische Selektion[4]).

So waren die Beziehungen der Soziologie zur Vererbungslehre ziemlich bestimmt auf die zunehmende Verfeinerung des LAMARCKismus angewiesen, der mit der Ver-

---

[1]) GRAEBNER a. a. O. 113ff.
[2]) Das Ressentiment im Aufbau der Moralen, Vom Umsturz der Werte 1 ² (Leipzig 1919), 45ff.
[3]) S. jetzt auch die Zugeständnisse bei SCHELER, Wesen und Formen der Sympathie (Bonn 1923), 116ff.
[4]) Vgl. jetzt TÖNNIES, Die Anwendung der Deszendenztheorie auf Probleme der sozialen Entwicklung, Soziol. Studien und Kritiken 1 (Jena 1925), 133ff.

erbung auch erworbener Eigenschaften doch wenigstens ein Forschungsziel für das eigentliche Gebiet gesellschaftlichen Lebens, das Gebiet der stetigen Habitusbildung zwischen den beiden Polen des gewaltsamen Natureingriffs und des gewaltsamen bewußten Menscheneingriffs, angegeben hatte: Während die Biologie in der Lehre vom veränderlichen Keimplasma den physischen Ansatzpunkt dafür schuf, erarbeitete sich die Soziologie, nicht zuletzt geleitet von den sozialpolitischen Bedürfnissen der modernen kapitalistischen Staatsordnung, die Erkenntnis der innerlicheren und tausendfach vermittelten Einflüsse natürlicher und sozialer „Außenwelt" auf den physiologischen Gruppentypus und damit der Möglichkeit einer Züchtung von dieser Außen- und Umwelt, nicht allein in der Kreuzung der gegebenen Typen her[1]). Dem Pessimismus, mit dem die sozialistische Kritik z. B. der italienischen Sozialhygiene auf die Umkehrung der Rassentheorie in der kapitalistischen Gesellschaft, die Schaffung förmlicher proletarischer Rassetypen durch das Erbmilieu statt durch Erbanlage aufmerksam machte, antwortete auch hier ein sozialreformatorischer Optimismus, der wiederum die bewußte, aber stetige und biologisch wie soziologisch geschulte Sozialfürsorge der modernen Staatsgesellschaft rückwärts durch die Umgestaltung des Erbmilieus auf die Lebenslagen einfließen ließ.

So im großen Zuge der sozialen Vererbungstheorien betrachtet, ist moderne Sozialhygiene, sei es in Sonderaufgaben wie der Bekämpfung des Alkoholismus oder in der allgemeinen Aufgabe der sog. Sozialpolitik, nichts weniger als die vom Ressentiment der Unterklassen erfüllte „negative Auslese" der schwächsten Typen, die die Rassentheoretiker dahinter witterten, vielmehr die Gegenwartsform der allen Gesellschaftsordnungen, auch den primitivsten, eingeborenen Überzeugung, daß in der ewigen Geschlechterfolge der sozialphysischen wie der sozialpsychischen Entwicklung die jeweilige Zuständlichkeit niemals bloß passiver Überlieferungsträger, daß sie stets und vor allem aktiver Überlieferungsfortsetzer ist. Die langsame, für den Aufbau des gesellschaftlichen Wissens um eigene „Geschichte" entscheidende Entfaltung des Ahnenkults von einer im Guten und Bösen fast leibhaften Tatgemeinschaft mit den Nächstverstorbenen bis zur Heroisierung und Vergöttlichung der ferneren und ferneren Reihen ist nichts anderes als die institutionelle Befestigung jener Überzeugung, die im Dogma des katholischen Thesaurus kaum lebendiger hervortritt als in dem Glauben des sozialistischen Aktivisten an die in weiteste Zukunft reichende Werkkette der Befreiung.

VII. Die formalen Grundgefüge: Gemeinschaft und Kultur.

Die ältere Soziologie hatte zwar in der pessimistischen Lehre vom Gesellschaftsmechanismus und in der optimistischen Lehre vom Gesellschaftsorganismus zwei großartige Bilder der von ihr untersuchten Seinsordnung entworfen. Aber die Einsicht in den inneren Zustand dieser Ordnung, als einer von Gruppen und Gruppengliedern nicht nur objektiv getragenen, sondern auch subjektiv gewußten und gewollten, war sie doch großenteils schuldig geblieben. Das brachte sie gerade gegenüber jenen älteren Mächten praktisch in Verlegenheit, deren Herrschaft über die Gemüter sie durch Erkenntnis neuer Tatsachen und neuer (wenn auch ihrer Ansicht nach in Wahrheit älterer) Normen erschüttern wollte. Denn jene Mächte besaßen in der Überlieferung religiöser und politischer Führer einen höchst einfachen Schlüssel nicht nur zu der Berechtigung ihrer Gebote, sondern auch zu dem tatsächlichen In-

---

[1]) A. ELSTER, Sozialbiologie (Berlin 1924). Dazu E. G. DRESEL, Sozialpolitik und Vererbungslehre, Kölner Sozialpolit. Vierteljahresschr. 4 (Berlin 1925), 87ff. Über soziale Vererbung jetzt auch P. MOMBERT, Grundr. d. Sozialök. 2, 58ff. und C. BRINKMANN ebd. 9, 22ff.

halt der Gesellschaft, der sich als die Befolgung dieser Gebote zeigte. Schaltete nun die Soziologie dies einfache Verhältnis des Führens und Geführtwerdens entweder ganz aus oder ließ es doch aus dem Grunde ursprünglicherer Tatbestände hervorgehen, so mußte sie auch ein inneres Verhalten der Vergesellschafteten aufzeigen können, das an Stelle bloßer Passivität des Gehorchenden irgendeine Eigentätigkeit darstellte. Sie begab sich damit auf die Suche nach der soziologischen Entsprechung zu jenem „Gemeinwillen" und jener „Volkssouveränität', die die Staatslehre der Neuzeit als die rechtlichen Grundbegriffe zur Entwurzelung des Absolutismus brauchte.

Als radikalste Lösung bot sich die des sog. Anarchismus, der in seiner theoretischen Folgerichtigkeit gleich bei seinen Begründern, den englischen Anhängern der Französischen Revolution WILLIAM GODWIN und THOMAS PAINE, deutlicher als bei den späteren Mischungen mit philosophischen und ökonomischen Gedankengängen in Deutschland (STIRNER), Frankreich (PROUDHON) und Rußland (KROPOTKIN)[1]) ausgeprägt ist. Anarchismus in diesem Sinne war nichts anderes als die Überzeugung, daß die herkömmliche Form staatlicher und gesellschaftlicher Zwangsordnung durch Einzelne oder Minderheiten nichts gegen die (vergangene oder zukünftige) Möglichkeit beweise, gesellschaftliche Gefüge ohne allen Zwang und alle Unterschiede von Aktivität und Passivität aus dem allgemeinen und stetigen Zusammenwirken sämtlicher Gesellschaftsglieder aufzubauen. Diese Überzeugung ist weniger einfach als sie erscheint. Denn sie barg nicht allein den immer wieder bespöttelten Glauben an die „Güte", besser gesagt: das gesellschaftlich Positive des Menschen, der zu allen Zeiten in religiöser und politischer Psychologie mit dem entgegengesetzten Glauben an das „Böse" oder der Gesellschaft Widerstreitende seiner Natur in unfruchtbarem Kampf gelegen hatte. Es war damit auch, und zwar zum erstenmal im Denken über die Gesellschaft, theoretisch die Tatsache ausgesprochen, daß nicht nur als Gegengewicht zu aller Herrschaft, sondern geradezu als innere Bedingung ihrer Möglichkeit ein Mindestmaß von praktisch zustimmendem Verhalten der Beherrschten wesentlich ist, und die Ideologie der „Anarchisten" bestand lediglich darin, daß sie, umgekehrt wie die Theoretiker der Herrschergewalt diese Bedingung übersehen hatten, sie nun zu verabsolutieren neigten aus der Erfahrung eines Zeitalters, das den Sturz aller Gewalten und den freien Aufbau neuer gesellschaftlicher Ordnungen aus sich selbst zu erleben schien.

Natürlich äußerte sich die Fruchtbarkeit der ganzen Auffassung nicht in diesem Absolutismus sozusagen umgekehrten Vorzeichens. Es war nun vielmehr erst im einzelnen zu untersuchen, in welchen besonderen gesellschaftlichen Lebensformen denn eine solche Fähigkeit der Menschen und Menschengruppen zur Erzeugung selbstgesetzter und selbsttätiger Ordnungen noch in einer tieferen, d. h. bewußteren und freiwilligeren Bedeutung als der naturalistisch-rationalistischen des „Bienenstaates" überhaupt anzutreffen sei. Am Ende einer langen und noch wenig erforschten Reihe von Versuchen, die auf dies Ziel gerichtet waren, fand schließlich FERDINAND TÖNNIES in einer sehr eigentümlichen Durchdringung rationalistischen und organizistischen Verfahrens den Begriff der „Gemeinschaft", der nicht ohne Grund als der Zentralbegriff aller modernen Soziologie gelten kann[2]). „Gemeinschaft" erwächst im Gegensatz zur „Gesellschaft", die von der Willkür (TÖNNIES

---

[1]) Über diese jetzt L. OPPENHEIMER in den Dioskuren 3 (1924), 254ff. Dazu über Gemeinschaft und Autorität (gegen PAUL NATORPS „Sozialidealismus") H. HERRIGEL, Politik und Idealismus, Kantstudien 26 (1921), 52ff.

[2]) Gemeinschaft und Gesellschaft 1887, ²1912, ³1920. Dazu die Entwürfe jetzt in den Soziol. Studien und Kritiken 1 (Jena 1925), 1ff. und STOLTENBERG, Wegweiser durch Tönnies: G. u. G. (Berlin 1919). Sachlich hatte schon der englische vergleichende Rechtshistoriker Sir HENRY MAINE (Ancient Law 1880) mit seiner Entwicklungsformel „From status to contract" auf das Gleiche hinausgewollt; vgl. P. VINOGRADOFF, Historical Jurisprudence (Oxford 1923), 139f.

sagt: vom Kürwillen) ihrer Teilnehmer geschaffen wird, aus dem „Wesenwillen" der in ihr Verbundenen: Das ist eine sehr bemerkenswerte Abwandlung der alten soziologischen Erkenntnis von den willkürlosen Vergesellschaftungsvorgängen. Was ist damit gemeint?

Zweifellos zunächst die Entstehung aller Gesellschaft aus „natürlichen" Verhältnissen, die gerade in dieser ihrer Natürlichkeit sowohl von dem Zwang der Herrschaft wie aber anderseits auch von der Übereinkunft, dem „Gesellschaftsvertrag" Gleicher entfernt sind. Eine solche Natürlichkeit scheint besonders in zwei Beziehungen gegeben. Einmal in den Gesellschaft begründenden Banden des Blutes, sei es, daß sie in engeren oder weiteren Lebensgemeinschaften, Familien oder Sippen, unmittelbar erlebt oder als der Ursprung zusammengesetzterer Erlebnisse, vor allem der Rassegemeinschaft, mehr mittelbar erfühlt werden. Die andere Beziehung zur „Natur" ist der Anhalt an einer Daseins- und Wirtschaftsweise, die wie die große Masse aller menschlichen Lebensformen vor dem Anbruch des kapitalistisch-industrialistischen Zeitalters von den „organischen" Eigenschaften von Klima, Boden und umgebender Pflanzen- und Tierwelt überwiegend abhängig bleibt.

Beide Beziehungen sind auch sonst der Soziologie vertraut. Insbesondere muß sich der Deutsche immer wieder erst daran gewöhnen, daß gerade die ihm zumeist als völlig modernisiert und mechanisiert vorgeführte Gesellschaftsverfassung der westlichen kapitalistischen Kulturen im Dasein und im Denken überall von der Bedeutung der Familie, vielfach sogar der vormodernen Großfamilie durchdrungen ist und TÖNNIES also in der Schätzung familienhafter Verbundenheit als Keim aller weiteren Vergesellschaftung etwa an ROUSSEAU und SPENCER durchaus Vorgänger hat. Ja der deutsche Sozialismus, der mitunter diesen Familienkult als eine Verkleidung bourgeoiser Machtinstinkte entlarven möchte, wird durch die überraschende Zähigkeit Lügen gestraft, mit der gerade auch die deutsche Arbeiterklasse trotz der Ungunst der meisten Arbeitsbedingungen an dem Lebensrahmen der Familie festhält. Daß unter den heutigen soziologischen Theorien gerade die englische[1]) den größten Wert auf den „Zellen"-Charakter der Familie im Körper der Gesellschaft legt, erklärt sich unschwer aus den Vorteilen dieser Anschauungsweise für eine auf Zusammenhaltung und Reinhaltung der Rasse beruhende Weltkolonisation.

Die zweite Wurzel des „Wesenwillens", der sich aus dem physischen Kosmos gewissermaßen in die Menschengesellschaft überträgt, die „ländliche", „bäuerliche" Existenz des primitiven, vorkapitalistischen Menschen auf der eigenen Scholle und in der nachbarschaftlich gestalteten Siedlung, ist ungefähr gleichzeitig mit TÖNNIES von dem zu Unrecht fast vergessenen Sozialökonomen GEORG HANSEN[2]) mit dem Ergebnis untersucht worden, daß sowohl körperlich-rassenhaft wie geistig-kulturell die beiden vornehmsten Abspaltungen sozialer Arbeitsteilung, die örtliche Verstädterung und die sachliche Emporzüchtung der Menschen zu ganzen Führerschichten, wenigstens im modernen Europa statistisch nachweisbar dem fortwährenden Nachströmen ländlich undifferenzierter Bevölkerung zu danken sind. Im Weltkrieg scheint in allen Heeren mit großer Gleichförmigkeit festgestellt worden zu sein, daß eigentlich „kriegerischer" Geist im Sinne nicht nur der Kampffreudigkeit, nein auch eines ernsteren kriegerischen Gemeinschaftsgefühls fast ausschließlich die Truppenteile bäuerlicher Ergänzung auszeichnete. Ähnlich wäre wenigstens für die übrigen elementareren Betätigungen des gesellschaftlichen Zusammenhanges der Vorzug eines gewohnheitsmäßigen Lebens „mit der Natur" zu veranschlagen.

Hat sich so TÖNNIES' Gemeinschaftsbegriff in den mannigfachsten soziologischen Fragestellungen der Gegenwart bewährt, so ist es doch nicht die ideologisch ungleichmäßige Verteilung von Licht und Schatten allein, die der Soziologie verbietet,

---

[1]) Vgl. besonders B. KIDD, Social evolution. Dt. Ausg. von E. PFLEIDERER (Jena 1895).
[2]) Die drei Bevölkerungsstufen (München 1889, neue Ausg. von P. KRAMER 1916).

sich bei der Antithese von Gemeinschaft und Gesellschaft zu beruhigen. Eben das Anfangsproblem der modernen Soziologie, soziale Bindemittel außerhalb des sozialen Zwanges zu suchen, wird offenbar nur unvollkommen gelöst, wenn man neben den eigentlichen Gewaltverhältnissen und dem aus eigner Schwerkraft sich erhaltenden Automatismus der Gesellschaft in der Leitung durch die Natur gleichsam einen dritten Zwang findet. Denn über einen starken Zwangscharakter der von TÖNNIES beschriebenen Gemeinschaftsverbundenheiten können Zweifel nicht wohl bestehen. Ihre Sicherheit wie ihr Glück ruht letzten Endes darin, daß sie weder gewollt noch auch nur gewußt werden, wie es eben das Merkmal innigen Beieinanders in Familie oder Heimat ist, daß nach einem Woher und Warum niemals gefragt worden ist und gefragt wird. So ist es verständlich, daß aus der gleichen sozialliberalen Forschungsrichtung wie der von TÖNNIES ein berechtigtes Mißtrauen auch die schwachen und rückschrittlichen Seiten der naturbestimmten Gemeinschaft witterte. Ein soziales Gebilde, dem es an klarem Bewußtsein für seine eigene Tatsache und Bedeutung fehlt, hat alle Erschütterungen des Bewußtwerdens von außen und innen her noch zu überstehen und kann, selbst wenn es sich dabei nicht zu ganz fremden Zwecken mißbrauchen läßt, zu leblosesten Zuständen der Entartung verknöchern. Von solchen Gedanken aus versteht man z. B. die beinahe instinktive Abneigung MAX WEBERS gegen alle bäuerlichen Kulturen und sein begeistertes Lob des städtischen Daseins, das von der Antike an für alle wahre Kultur Bedingung gewesen sei, oder die eigenartige Vorliebe einer soziologisch so scharfsichtigen Bewegung wie des modernen Kunstgewerbes sogar für die Kleinstadt, die die rechte, freie Mitte zwischen der Starrheit des Landes und der Erstarrung der Großstadt halte[1]).

Die Kritik des Gemeinschaftsbegriffs mußte so dazu führen, daß allmählich zwischen dem Bereich der naturgegebenen und dem der im Gegensatz dazu ganz künstlich bewirkten Verbundenheit ein dritter Bereich entdeckt wurde, der mit seinen Eigenschaften gewissermaßen an den ersten beiden teilhatte, ohne ihrer Einseitigkeit zu verfallen. Diese Entdeckung wurde schon von SPANN gefördert, als er einmal die Gemeinschaft, von TÖNNIES' Naturgrundlagen absehend, an jeder gemeinsame Werte besitzenden Gesellschaft, vor allem an Volkstum und Staat, zum „Empfindungsgebilde" werden ließ und sodann innerhalb oder unterhalb dieses noch von der „Genossenschaft"[2]) sprach, die (bei TÖNNIES wohl wesentlich der „Gemeinschaft" zugerechnet) seiner Ansicht nach durch die „Verbündung" zu gemeinsamem, nach innen freundschaftlichem oder nach außen feindschaftlichem, Handeln ausgezeichnet sein sollte. Aus den seit „Sturm und Drang" völlig neuartigen Erlebnissen der modernen deutschen Jugendbewegung heraus hat dann HERMANN SCHMALENBACH (Dioskuren 1) statt des Gemeinschaftsbegriffs geradezu die „Kategorie des Bundes" zur vornehmsten der gesellschaftsbildenden Formen zu erheben gesucht.

Wie in der sozialen Wirklichkeit die Jugendbewegung vielfach in der Familie als dem Träger überwundener oder zu überwindender Werte ihren Hauptfeind sah und zu untergraben bestrebt war, tritt hier in der Theorie der ungewußten und ungewollten Gemeinschaft TÖNNIESscher Prägung das freie und bewußte Gemeinschaftswollen engerer Kreise entgegen, in dem sich ohne Tradition, vielmehr durch Neubegründung einer solchen, anderseits aber auch ohne rational-vertragsmäßige Fassung, vielmehr durch höchst irrationale Liebesgesinnung und Kameradschaft oft und oft das innerste und höchste Leben größerer Gesellschaften offenbart. SCHMA-

---

[1]) F. TESSENOW, Handwerk und Kleinstadt (Berlin 1919).
[2]) Gesellschaftslehre ² 260ff., 366ff. Vgl. SCHELER, Formalismus in der Ethik ² (Halle 1921) 495ff. und R. GUARDINI, Vom Sinn der Kirche (Mainz 1922), 26: „Nur wenn Einheiten mit eigenem Mittelpunkt, eigner schöpferischer Art und Lebendigkeit sich verbinden, entsteht jene eigentümliche gespannte und bewegliche, feste und zugleich an inneren Möglichkeiten reiche Einheit, die Gemeinschaft heißt." Dazu jetzt E. ROSENSTOCK, Soziologie (Berlin 1925), 75ff.

LENBACH selbst erinnert daran, daß schon die völkerkundliche Soziologie von HEINRICH SCHURTZ bis zu KNABENHANS für die primitiven Kulturen etwas Ähnliches festgestellt hat, wenn sie das Heraustreten aus der Gebundenheit besonders mutterrechtlicher Zustände als die Tat der sog. Männerbünde mit ihrer strengen Abgeschlossenheit und großen geistigen Beweglichkeit für kriegerische, politische und allgemein kulturelle Erfindungen erkannt hat (ihr spezifisch männlicher Charakter ist natürlich, wie SCHMALENBACH zuzugeben ist, nur ein durch den Kampf gegen das Mutterrecht oder andere „Zufälligkeiten" bedingter Sonderzustand). Ebenso aber rücken von hier aus etwa die „Einungen" innerhalb der mittelalterlichen Gesellschaft und überhaupt alle analogen, gewöhnlich von starker Opposition sowohl gegen „gemeinschaftliche" wie gegen „gesellschaftliche" Tradition erfüllten Bildungen, auch die Sekten, Logen, Klubs und Parteien des modernen Staates und die Verträge und Vertragssysteme des modernen Völkerrechts mit den zugehörigen parlamentarischen und pazifistischen Ideologien in eine eigentümlich lehrreiche Beleuchtung. Das ist deshalb zu betonen, weil gegenüber der späteren Rationalisierung und Verknöcherung dieses politischen Bundeswesens mit Unrecht (so auch bei SCHMALENBACH selbst) der Typus der staats- und gesellschaftsabgewandten, rein „geistigen" (oder sich selber so bezeichnenden) Kulturbewegung nach Art von Künstler- und Dichtergemeinden wie des „Kreises" um STEFAN GEORGE als der Idealtypus der Bundeskategorie erscheint.

An dieser Stelle zeigt sich, daß der von SCHMALENBACH bisher am erschöpfendsten formulierte Begriff der Verbündung als des fehlenden Mittelgliedes zwischen Gemeinschaft und Gesellschaft eigentlich ein doppeltes Gesicht hat. Er deckt zunächst die innerhalb einer Gruppe bewußt auf deren Neugestaltung ausgehenden oder doch wenigstens mit ausgehenden freien Sondergruppierungen, wie der ursprüngliche Anarchismus sie erträumte und sein Nachfolger, der moderne Syndikalismus, sie im Hinblick auf jene Schöpfungen des mittelalterlichen Einungs- und Körperschaftsrechts zum Prinzip neuer Staats- und Gesellschaftsordnungen machen möchte. Daneben aber hat der Begriff auch nicht selten etwas ganz anderes im Auge, das freilich bei einzelnen, namentlich „radikalen" Verbündungen wie religiösen Sekten und anarchistischen Parteien mit einigermaßen fließender Grenze aus jener ersten Zielsetzung entsteht. Es ist die von vornherein nicht etwa nur irgendwelche bestimmten Staats- und Gesellschaftsgefüge, sondern die Möglichkeit von Staat und Gesellschaft als allgemeiner und allgemein verbindlicher Formen überhaupt verneinende Gesinnung, die im Grunde bereits aus dem Gebiet der untersuchten gesellschaftsbildenden Verhaltungsweisen herausfällt. SPANN[1]) hat sie als das „System der Abgeschiedenheit" zum Gegenstande einer eigenen bemerkenswerten Betrachtung gemacht.

Zur Darstellung kommt sie geschichtlich vorwiegend in dem in erster Reihe wohl überall religiösen Verhalten der Askese, soweit dieses nicht nachträglich von den Kirchen an bestimmtem Ort in ihre Systematik eingegliedert ist, sondern in ursprünglicher Reinheit seine Stellung außerhalb jeder kirchlich wie staatlich gesellschaftlichen Systematik nimmt, also etwa in dem ersten, noch nicht wie die christlichen und buddhistischen Mönchsorden wenigstens wirtschaftlich mit der Gesellschaft verbundenen Anachoretentum. Diese asoziale Askese ist wiederum nur „zufällig" das Gegenstück verfallender Kulturen und kann a priori inmitten blühendster und der eignen Blüte bewußtester gesellschaftlicher Zustände eigenständig aus der absoluten oder doch wenigstens einem bestimmten Einzelnen unabweislichen Verzweiflung an dem Mitlebenkönnen in bestimmten (z. B. geschlechtlichen) Vergemeinschaftungsformen oder in Gemeinschaft überhaupt sich ergeben. Man muß

---

[1]) Gesellschaftslehre ² 184 ff. Vgl. auch MAX WEBER, Wirtsch. u. Ges. 303 ff., 785 ff. und A. MEUSEL, Der Radikalismus, in: Kölner Vierteljahrsh. 4 (1924), 44 ff.

sich auch hüten, eine solche Abscheidung (wie als Entartungsprodukt) immer nur als „Verzweiflung" im negativen Sinn einer Flucht ins Leere, in die „Einöde" wörtlich genommen, aufzufassen. Sie kann von einem sehr sicheren und gesunden Gefühl der Einzelnen oder einzelner asketischer Gruppen zugleich für ihre eignen Lebensmöglichkeiten und für die der von ihnen verlassenen Gesellschaft zeugen.

Und an diesem Punkte kehrt die asketisch gesellschaftsfeindliche Gestaltung der Bundeskategorie gewissermaßen mittelbar zu der Gesellschaft, von deren Grundverhalten sie soeben begrifflich getrennt werden mußte, zurück und vollzieht, auch und gerade ohne es zu wollen und zu wissen, eine ganz positive Leistung für sie. Gerade in der äußerlichen Abgeschiedenheit von aller gesellschaftlichen Gemeinschaft vermögen Seelenkräfte höchster Artung soziologisch (objektiv) zweckvoll zu einem unentbehrlichen Vorrat für die Gesellschaft selbst zu werden. Nicht umsonst sind sogar in der abendländischen Kultur, die im umgekehrten Verhältnis zu den Zerklüftungen der gesellschaftlichen Arbeitsteilung die Menschen streng zu Bürgern ihrer Staaten und Kirchen erzog, zu allen Zeiten etwa „Gelehrtenrepublik" und „Bohème" wenigstens ideologisch solche „sozialabstinente" Kraftspeicherungen gewesen. Und was vollends in der orientalischen Kultur (wie zum Teil in unserer mittelalterlichen) die verschwimmenden Formen staatlicher und gesellschaftlicher Gestaltung auch sozial noch am meisten erträglich macht, ist die (von SCHELER sog.) Technik des geistigen Lebens, die doch vor allem aus den mystischen und anderen Askesen fließt.

Statt die Gefüge der Gesellschaft von der Innenseite, von den sich bedingenden und durch sie bedingten sozialen Gesamthaltungen aus zu erforschen, kann man sie auch von der Außenseite, von den sie tragenden und durch sie getragenen sozialen „Objektivitäten" her zu systematisieren versuchen. Dann bietet sich dem soziologischen Blick statt der Reihe: Gemeinschaft, Bund, Gesellschaft eine andere, mit dieser vielleicht irgendwie homologe Reihe der Gestaltungen dar, die die Gruppenbildung sozusagen nicht für sich selbst, sondern für irgendeine bild- oder stufenförmige Betrachtung, eine Logik oder Geschichte ihrer inhaltlichen Erlebnisse und bedeutungsmäßigen Hervorbringungen annimmt, also etwa: Sprache, Kunst, Technik. Damit aber wird die Soziologie rein um ihres methodischen Handwerkszeuges willen vor zwei Probleme gestellt, die in mehr oder weniger hochfliegenden (und entsprechend weniger oder mehr klaren) Erörterungen von der sog. Geschichtsphilosophie in Anspruch genommen zu werden pflegten. Irre ich nicht, so hat die Soziologie trotz ihrer Jugend bereits die Überlegenheit ihres schlichten phänomenologischen Verfahrens über jene älteren philosophischen Erörterungen erwiesen. Die beiden eng miteinander zusammenhängenden Probleme sind die des gesellschaftlichen Fortschritts und der gesellschaftlichen Wertung.

Die soziologische Betrachtung der geistigen Welt kann sich weder mit dem ruhenden, in sich geschlossenen Bilde begnügen, das das Mittelalter unter der Führung der Kirche von der menschlichen Gesellschaft als einem Teil des göttlichnatürlichen Kosmos entwarf, noch auch mit der ebenso einfachen Vorstellung einer stetig zum Besseren und Höheren fortschreitenden Entwicklung, die der moderne Geist der kapitalistischen Staats- und Gesellschaftstechnik als Abbild seiner revolutionären Energien für gegeben oder doch für aufgegeben hielt. Und doch ist von einem oder dem anderen dieser Prinzipien nicht leicht loszukommen. Das mit größter Bestimmtheit wohl zuerst bei HEGEL[1]) begegnende Unternehmen, die Welt des Geistes überhaupt an keinem Maßstabe zu betrachten, sondern ihren einzelnen Erscheinungen (bei ihm vorzugsweise den „geschichtlichen" Völkern und ihren Staaten) als ebensovielen eigenartigen und unvergleichbaren Gestaltprinzipien gerecht zu

---

[1]) Philos. der Weltgesch. ed. G. LASSON 2 (Berlin 1920), 148ff.

werden, entgeht nur scheinbar der Schwierigkeit, sich auf das Weltbild des Ruhens oder der Entwicklung festzulegen. Denn schon die willkürliche Abgrenzung der „Geschichte" von einer unter ganz anderen Prinzipien zu würdigenden „Vorgeschichte", die dann mit scharf auf den Zukunftsstaat hin verschobenem Vorzeichen der Hegelianer KARL MARX übernahm, beweist die Unmöglichkeit, auch auf diesem Wege ohne einen allgemeinen, den individuellen Gestaltprinzipien übergeordneten Entwicklungsbegriff auszukommen.

Die moderne Soziologie ist deshalb hier fast übereinstimmend so vorgegangen, daß sie der schlichten Auffassung des sozialen Erlebnisses folgend zunächst die verschiedenen Bereiche der sozialen Objektivität mit Bezug auf ihr ganz verschiedenartiges Verhältnis zum Entwicklungsbegriff sonderte. Vergleichsweise am einfachsten erscheint diese Sonderung in der „Kultursoziologie" ALFRED WEBERS[1]), die außer den staatlich-völkischen „Gesellschaftskörpern" (wohl im wesentlichen HEGELscher Prägung) als Trägern die beiden von ihnen getragenen Gestaltungsmöglichkeiten der „Zivilisation" als einer einheitlich und fortschrittlich entwickelten und der „Kultur" als einer regellos, eigenständig und überschüssig wachsenden und vergehenden Güterwelt unterscheidet. Die große Übersichtlichkeit dieser Betrachtungsweise hat indessen nicht nur den äußerlichen Nachteil, allzuleicht mit einer vulgären Spielart deutscher Geschichtsphilosophie verwechselt zu werden, die den realen Entwicklungsvorsprung der kapitalistischen westeuropäisch-amerikanischen Kulturen durch eine oft dünkelhafte Berufung auf eine vermeintliche „zivilisatorische" Unkultur auszugleichen sucht. Sie leidet auch innerlich unter einem gewissen Mangel an Aufmerksamkeit auf mögliche Verbindungsbahnen zwischen den beiden, allzusehr in sich abgeschlossenen Objektivitätsbereichen, deren gemeinsame Beziehung auf den tragenden „Gesellschaftskörper" doch kaum ausreicht.

Noch mehr als bei dem Gegensatzpaar Gemeinschaft-Gesellschaft wird hier die Untersuchung gerade der auf den ersten Blick weniger einfachen Zwischenbereiche notwendig. Gerade eine Einstellung, die „Kultur" und „Geist" in der Ordnung der Dingwelten möglichst weit von dem ruhenden (und allenfalls nur künstlich genetisch in Entwicklungsreihen aufzulösenden oder daraus abzuleitenden) Nebeneinander der physischen Arten entfernen möchte, wird immer wieder diese „Kultur" und diesen „Geist" als eine natürlich-stetige, in der „geschichtlichen Zeit" einmalige Dynamik und darum als fortlaufend aus sich selber verständlich und ableitbar aufzufassen streben. Es genügt daher nicht, nur die niederen Ebenen des technisch zweckbestimmten Verhaltens als eine solche Stetigkeit zu sehen und allen höheren geistigen Schöpfungen als „Protuberanzen" an den Gesellschaftskörpern eine relativ beziehungslose Einmaligkeit noch innerhalb des einmaligen Geschichtsverlaufes zuzuweisen. Die Überlieferung von Stilen in der Kunst, Problemen in der Wissenschaft (sogar in der Sprache), Formen im Staats- und Rechtsleben deutet vielmehr darauf hin, daß sich auch in diesen spezifisch „kulturellen" Bereichen ähnlich wie in allem übrigen geschichtlichen Werden (selbst wenn man „Renaissancen" stets in entscheidendem Sinn als Eigenschöpfungen der aufnehmenden Gesellschaftskörper[2]) gelten läßt) mit dem „zufälligen", irrationalen, unableitbaren Auftreten (man kann auch sagen: der „Offenbarung") von Persönlichkeiten und Situationen allenthalben die Vorstellung eines rationalen, erklärbaren Grundrisses von Entwicklungskurven oder doch wenigstens von realen Möglichkeiten, „geometrischen Orten" für bestimmte Gestaltungen verbindet.

---

[1]) Prinzipielles zur Kultursoziologie, Arch. f. Sozialw. 47 (1921), 1ff., in etwas entfalteterer Fassung Neuer Merkur 7 (1923), 169ff. Zur Kritik bis jetzt nur OPPENHEIMER, System 1, 427ff.

[2]) Über die soziologische Erscheinung des Zurückgreifens gerade sozialer Neuerer auf vergangene Formen, z. B. der christlichen Sekten und Reformationen auf das Urchristentum, der Französischen Revolution auf das alte Rom s. C. DE KELLES-KRANZ, La loi de rétrospection révolutionnaire, Annales de l'Institut International de Sociologie 2 (1896).

Das wird vollends deutlich, wenn (was die Soziologie für sich nicht zu entscheiden braucht) mit der Betrachtungsweise des sog. Historismus auch der historische Standpunkt des historischen oder soziologischen Betrachters selber als Komponente in das Zustands- oder Entwicklungsbild gesellschaftlicher Tatsachen aufgenommen und so die verständliche Zusammenfassung „kultureller" mit „zivilisatorischen" Momenten oder verschiedenen Kulturen im Gesamtbilde doppelt unentbehrlich wird. Nicht zufällig ist denn auch eben unter dieser Voraussetzung ein Zwischengebiet zwischen Kultur und Zivilisation, das der (im Unterschied von der „fortschrittlichen" sog.) „dialektischen" Rationalität etwa der Wissenschafts- oder Rechtssysteme, näher umschrieben worden[1]). Ebensogut aber wie nach unten, zur „Zivilisation" hin, Stufen der Entwicklungsbestimmtheit, lassen sich nach oben, in der Richtung der „Kultur", Stufen der Entwicklungsfreiheit unterscheiden. So hat auf der Grundlage seiner Kritik des Comteschen Dreistadiengesetzes SCHELER[2]) die angebliche Abfolge von Religion, Metaphysik und Wissenschaft in der Gesellschaftsentwicklung durch eine gleichzeitige und systematisch verbundene Dreidimensionalität dieser geistigen Tätigkeiten abgelöst. Nach ihm wäre Religion (und, wie sich dann von selbst versteht, ihr folgend die höchste symbolsetzende Bereich aller „Kunst") auch soziologisch das relativ Entwicklungsloseste, „Geoffenbarte", Metaphysik ein Wandel der Weltdeutungen (und der großenteils ihnen folgenden Sitte) in einem schon viel absoluteren, vorbestimmten Problemkreise, Wissenschaft endlich der eng an den Wechsel und die Entwicklung der „realsoziologischen" Zuständlichkeiten sich anschmiegende Fortschritt der geistig-technischen Lebensanpassung und Lebensbeherrschung.

VIII. Die materialen Grundgefüge: Wirtschaft und Recht.

In dem weithin berechtigten Kampfe der modernen Wissenschaft gegen die Erbschaften des Rationalismus und der Aufklärung hat man[3]) wohl gefragt, ob denn nicht der Vorrang der politischen und wirtschaftlichen Studien in der Soziologie im Grunde auch so eine rationalistische Überlieferung sei und mit der Zeit an die vernachlässigte Soziologie der loseren Kulturformen der Sitte, Kunst, Sprache u. ä. übergehen müsse. Soweit damit ein stoffliches Studienprogramm aufgestellt sein soll, ist ja bereits die „Kultursoziologie" der Gegenwart in vollem Zuge, es zu verwirklichen. Anders aber steht es mit der Frage des Ranges, besser der Systematik der einzelnen Stoffgebiete in der Soziologie. Hier wird der tatsächlich in Forschung und Unterricht bewährte Vortritt der Nationalökonomen, Juristen und politischen Historiker stets für sich anführen können, daß alle jene die „Kultursoziologie" interessierenden zerstreuten Lebensgebiete der Gesellschaft, etwa die Soziologie der Hausmusik oder einer modernen sozialreligiösen Sekte wie der Heilsarmee[4]), notwendig gemeinsam mit allen ähnlichen irgendwo in die Zentralgebiete staatlicher und wirtschaftlicher Ordnung, wenn auch noch so versteckt, einmünden, ja vielleicht von diesem Punkte aus ihre eigentlich soziologische Verständlichkeit finden.

Man hat gegen den Plan von MAX WEBERS Religionssoziologie außer von kirchlicher Seite auch soziologisch einwenden wollen, daß eine derartige Behandlung

---

[1]) E. TROELTSCH, Der Historismus (Tübingen 1922), K. MANNHEIM, Historismus, Arch. f. Sozialw. 52 (1924), 33 ff.
[2]) Schriften zur Soziologie und Weltanschauungslehre 1 (Leipzig 1923), 26 ff., Soziologie des Wissens 39 ff.
[3]) K. SINGER, Weltw. Arch. 16, 252 ff.
[4]) Ich wähle beispielshalber die Gegenstände der beiden ersten der von ALFR. WEBER herausgeg. Schriften zur Soziologie der Kultur (Jena 1913): H. STAUDINGER, Individuum und Gemeinschaft in der Kulturorganisation des Vereins, und P. A. CLASEN, Der Salutismus.

religiöser Lebensinhalte vornehmlich unter den Gesichtspunkten der äußeren politischen und wirtschaftlichen Organisation an dem letzten „Sinn" des Religiösen vorbeigehe[1]). Aber selbst angenommen (wovon oft das Gegenteil der Fall ist), daß eine solche Sonderbehandlung des Staatlichen und Wirtschaftlichen in den Religionen nicht auch neue Elemente ihres inneren, religiösen Gehalts aufzuzeigen imstande sei, scheint es eben das Geschäft der neuen, soziologischen Forschung zu sein, das Augenmerk auf diejenigen Aspekte der Religionsgeschichte und Religionskunde zu lenken, die ihre ältere, theologische Erforschung kaum gekannt und jedenfalls für sich zu untersuchen gar nicht die Aufgabe gehabt hatte. Und was für die Religionskunde gilt, das muß ebenso für die unzähligen und an Zahl wie Umfang täglich wachsenden Wissenschaften von den übrigen Kulturformen gelten, z. B. für das riesige und vielteilige Gebiet der sog. Volkskunde, dem sich auch die Sprach- und Altertumswissenschaften mit der Bearbeitung ihrer „Realien" immer mehr anschließen. Was wollte man sagen, wenn hier jede neu von der Betrachtung erfaßte Lebensäußerung bloß deshalb, weil sie notwendig letzten Endes auf soziale Tatsachen hinausläuft, zum aufbauenden Prinzip einer neuen materiellen oder speziellen Soziologie werden sollte? Gewiß wird man alle solche Disziplinen auch zu einer besonderen Soziologie rechnen und in diesem Sinne von Soziologie der Sitte, Kunst, Sprache u. a. reden können. Aber das kann doch nur heißen, daß die diese Kulturformen behandelnden Wissenschaften soziologisch betrieben werden, nicht dagegen, daß sich über dieser grenzenlosen Ausdehnung der soziologischen Methode nun deren eigener, in der allgemeinen Soziologie festzustellender Gehalt verflüchtigen müsse.

Wie die Geschichtswissenschaft, wenn auch stofflich oft abwegig, so doch grundsätzlich ganz richtig und unvermeidlich dem Andrang der modernen „kulturgeschichtlichen" Interessen den Primat des „Politischen" als ihr eigenstes Arbeitsprinzip entgegengesetzt hat, bleibt auch der Soziologie als der Systematik des geschichtlich-gesellschaftlichen Lebens nichts anderes übrig, als inmitten der Fülle des ihr aus allen Teilen dieses Lebens zuströmenden Stoffes solche zentralen Prinzipien zu behaupten. Und das sind nicht ohne Grund von ihren Anfängen an die gleichen gewesen wie die der Geschichte: Wirtschaftliche Ordnung als allgemeinste Zusammenfassung der von der Natur her bestimmten gesellschaftlichen Tatsachen und staatliche Ordnung als allgemeinste Zusammenfassung der von menschlicher Sinnhaftigkeit und Bedeutung her bestimmten Normen.

Beides muß heute vor gewissen romantischen Strömungen gegen den Verdacht naturalistisch-rationalistischer Dogmatik in Schutz genommen werden. Eine verbreitete Auffassung der neueren Gesellschafts- und Wissenschaftsentwicklung neigt dazu, sowohl Wirtschaft wie Staat und Recht von ihren modernen Verkörperungen aus als eigentümliche Entwicklungs-, ja Entartungsergebnisse des kapitalistisch-mechanistischen Zeitalters anzusehen, denen ältere, z. B. mittelalterliche oder antike Gemeinschaftsgefüge nichts grundsätzlich Entsprechendes an die Seite zu stellen hätten und die daher nur mittels rationalistischer Erschleichung zur gemeinsamen Betrachtungsgrundlage für die Gesamtheit gesellschaftlichen Lebens zu machen seien. Allein das trifft natürlich nur für jene modernen Verkörperungen von Wirtschaft, Staat und Recht zu, nicht aber für deren allgemeine Begriffe, die selbstverständlich weit genug gefaßt sein müssen, um auch in anderen, von den modernen Formen denkbar verschiedenen Verkörperungen wiedererkannt zu werden. Ob die Soziologie bei diesem Unternehmen der naheliegenden Gefahr entgeht, etwas von ihr in die Erscheinungen Hineingelegtes als darin gefunden auszugeben, kann (wiederum natürlich) nur auf Grund sorgfältiger Prüfung der Tatsachen entschieden werden.

Unter diesen Voraussetzungen sucht die Soziologie als „Wirtschaft" in allen Gesellschaftsgefügen das Mindestmaß von Tatsachen auf, die darin von der Aufgabe

---

[1]) SPANN, Zeitschr. für Volkswirtsch. und Sozialpol., N. F. 3 (1924), 761 ff.

der bloßen Lebensbehauptung innerhalb der organischen und anorganischen Natur bestimmt werden. Indem so von vornherein ein Mindestmaß dieser Beziehungen ins Auge gefaßt wird, tritt sowohl der rationale Begriff des „Wirtschaftens" als der sparsamsten Zweckmittelanpassung wie der ganze unter diesem Begriff entfaltete Apparat des modernen subjektiven „Wirtschaftslebens" zurück und statt dessen noch unter allen Verkleidungen der Irrationalität der grundlegende Tatbestand der Einbettung der Gesellschaft in den objektiven „Haushalt der Natur" hervor. Es ergibt sich das (freilich nur scheinbar) Unerwartete, daß auf den frühen Stufen der Gesellschaft einem hohen Maß realen Druckes der Natur auf den Menschen ein sehr geringes Maß ideeller, bewußt wirtschaftlicher Gegenwirkung darauf zugeordnet ist, genau umgekehrt wie auf den späten Stufen ständig abnehmender Druck einer ständig zunehmenden willkürlichen und bewußten „Wirtschaft". Anderseits aber muß in den so verallgemeinerten soziologischen Wirtschaftsbegriff die ganze andere, von der Wirtschaftslehre der modernen Gesellschaft nur in der Bevölkerungstheorie spärlich berücksichtigte Hälfte der gesellschaftlichen Naturbestimmtheit mit aufgenommen werden, die im Gegensatz zur Erhaltung des Lebens seine Fortpflanzung in den Gestaltungen des Geschlechtslebens und der physischen Jugenderziehung enthält.

Die gegenseitige Abhängigkeit der beiden Hälften hat mit den wegweisenden Arbeiten von JULIUS GROSSE[1]) nicht umsonst das eigentliche Rückgrat der neben der psychologischen Völkerkunde zerfließenden institutionellen Ethnologie gebildet. Nahrungsbedarf und Geschlechtstrieb spannen das Leben der primitiven Gesellschaft gleichmäßig ein in den großen Rhythmus der nährenden und belebenden Natur, durch den gleichsam hindurch die wechselnden Formen des religiösen Bewußtseins zu einem im großen Ganzen sehr beständigen Kanon von Kreisläufen kultisch-mythischer und festlich-sittlicher Gestaltung werden; auch hier wieder unter dem auffallenden Entwicklungsgesetz, daß der Anstieg von tierischen Grundlagen aus bei der Ernährung, dem Mittelpunkt aller späteren spezifischen „Wirtschaft", von der Regellosität zur gesitteten Ordnung der Mahlzeiten, Fasten usw., beim Geschlechtstrieb dagegen von der Ordnung der Brunst- und Reifezeiten und der Systematik des exogamen und endogamen Eherechts zur Regellosigkeit aller dieser Verhältnisse führt. Damit ist die Soziologie keineswegs zu einer Wissenschaft von „Hunger und Liebe" erniedrigt, die nach SCHILLER den „Bau der Welt" zusammenhalten. Im Gegenteil: Wie sie die unendlich verwickelten Wirkungen des Nahrungsspielraums verfolgt, die in den Sitten der Kinder- und Greisentötung und der „Wanderungen", in den Gestaltungen der Konsumsitten innerhalb verschiedener Gesellschaften und Gesellschaftsklassen kaum mehr als wirtschaftlich bewußt werden, so wird sie sich auch hüten, mit gewissen psychologischen Modeanschauungen Sexualität immer und überall in der Form unmittelbarer Triebentladung oder Triebverdrängung waltend zu glauben, sondern auch ihr in ihre gesellschaftlich wichtigsten mittelbaren Äußerungen, in ihre Formverbundenheit mit der „Wirtschaft" nachgehen und die daher fließenden Bedingungen von Eheformen, Promiskuität und Prostitution festzuhalten bemüht sein.

Alle diese Fragen, sowie die „kultursoziologisch" noch allgemeineren nach der Bedeutung etwa des weiblichen Hackbaus für das Mutterrecht oder von Nomadismus und Schiffahrt für Eroberung und Städtebildung, führen freilich aus dem Gebiet der wirtschaftlichen Naturbestimmtheit schon mitten in das der rechtlichen Normbestimmtheit der Gesellschaft hinein. Auch dies darf nicht engherzig rationalistisch auf den Rechtsbegriff irgendeiner Gesellschaftsstufe oder gar rechtswissenschaftlichen Theorie eingeschränkt werden. Es soll nur der weiteste Ausdruck für

---

[1]) Die Formen der Familie und die Formen der Wirtschaft (Leipzig 1896). Dazu jetzt MAX SCHMIDT, Grundriß der ethnologischen Volkswirtschaftslehre, 2 Bde. (Stuttgart 1920f.).

die soziologische Tatsache sein, daß alle sozialen Gruppen, wie sie von unten an das animalische Dasein festgebunden sind, nach oben unvermeidlich zu irgendeiner „Ordnung" hinstreben. Nicht als ob nun diese „Ordnung" als ein selbständiges gesellschaftliches Kulturerzeugnis in einer Reihe mit allem anderen stände, was so genannt werden kann; vielmehr so, daß jeder dieser Kulturbereiche, auch der kleinste, seinem objektiv-sachlichen „Sinn" wie seinen subjektiv-personalen Trägern nach zu einer solchen (Sonder-)Ordnung für sich selbst hinstrebt. Jeder gesellschaftlichen Bildung wohnt eben eine doppelte Pleonexie inne: Sie sucht beständig wie alle Tier- und Pflanzenorganismen ihren natürlichen Lebensraum zu erweitern, sie sucht das aber nicht nur wie jene auf dem Wege der Zerstörung fremden Lebens oder höchstens des Parasitismus und der Anpassung überhaupt zu tun, sondern ebensowohl auf dem eigentümlich „geistigen" Wege der Ausbreitung von Verhaltungsweisen und Überzeugungen, denen sie zunächst sich selbst unterwirft, nach denen sie „lebt und leben läßt". Indem jede innerhalb oder in der Nähe einer Gruppe mögliche Verhaltungsweise sich so zum allgemeinen „Gesetz" zu machen drängt, entsteht erst „Ordnung" und „Recht" zwischen ihnen als besonderes Kulturgebiet.

Es ist nicht ganz leicht, die eigenartige soziologische Stellung dieses Kulturgebiets allgemein genug und doch zugleich bestimmt genug auszusprechen, um darzutun, daß es sich in der Tat um das zentrale Gebiet der sozialen Kulturgüter handelt. Bekanntlich wird immer noch ausgehend von dem begrifflichen Gegensatze zwischen „Gesellschaft" als dem Gehalt und „Staat" als der Form der sozialen Ordnung über die Möglichkeit gestritten, daß es (gleichviel ob „im Anfang" oder grundsätzlich) „staatlose" oder „vorstaatliche" Gesellschaftszustände gebe. Verneint man sie unter Berufung darauf, daß jeder Gehalt irgendeine Form (hier der Ordnung) fordere, so muß man sich um so nachdrücklicher vergegenwärtigen, worin denn das Gemeinsame zwischen der Ordnung noch der lockersten Gruppenform (der Horde, wie man gewöhnlich sagt) und dem ja eigentlich erst den Griechen und dann wieder der Renaissance bewußt gewordenen Staatsbegriff besteht. Dieses Gemeinsame besteht offenbar darin, daß jede und also auch die lockerste gesellschaftliche Ordnung die Erscheinung der Norm, des Geltens oder Seinsollens gewisser Verhaltungsweisen, nicht nur in der sozusagen einseitigen Form des Anspruchs an oder der Herrschaft über einen Kreis von Gliedern oder Handlungen aufweist, sondern in der sozusagen zweiseitigen Form des „Rechts", die jenen Anspruch oder jene Herrschaft durch ein reziprokes Beansprucht- oder Beherrschtwerden, durch eine „Pflicht" bedingt sein läßt. Die spezifisch gesellschaftliche Norm ist niemals bloß „wahr" oder „gottgewollt" oder „gut" im Sinne irgendeines Wissens, Glaubens oder Schaffens; sie ist immer zugleich auch „recht" in dem Sinne, daß ihre Auswirkung in einem Gruppenzusammenhang (und einen solchen strebt jede Norm um sich herum zu bilden) diesem Zusammenhang ein Gleichgewicht gewährleiste, und das vermag sie einzig und allein, indem sie entweder selbst zum Kern eines Systems von wechselseitigen (natürlich durchaus nicht immer so formulierten oder auch nur bewußten) Normbeziehungen, etwa zum „Heiligen Recht"[1]) wird oder sich durch Angliederung an ein solches System die gesellschaftliche Lebensfähigkeit erwirbt.

Zur Erläuterung dieses grundsätzlichen Gedankens diene sein Verhältnis zu dem bekannten Individualismusstreit der Soziologen. Der Begriff des Individuums ist als das Leitmotiv der ganzen neuzeitlichen Geistesentwicklung auch in der Soziologie bis zu einem Grade überschätzt worden, daß noch GEORG SIMMEL[2]) es wagen konnte, für die Beziehungen zwischen sachlichem Inhalt und persönlichem

---

[1]) K. LATTE, Heiliges Recht (Tübingen 1920) und jetzt besonders G. HUSSERL, Rechtskraft und Rechtsgeltung (Berlin 1925). Treffend auch schon DILTHEY, Einl. in die Geisteswiss. (Ges. Schr. 1 Berlin 1922) 52 ff.

[2]) Grundfragen der Soziologie (Sammlung Göschen Leipzig 1917), 34ff.

Umfang sozialer Vorgänge ein Gesetz der umgekehrten Proportionalität aufzustellen, das die intensivsten Inhalte der Einzelpersönlichkeit vorbehielt und die von weiteren Gruppen getragenen (offenbar nach dem Vorbild der modernen „Massenpsychologie") durch immer zunehmende Verdünnung gekennzeichnet glaubte. Die von diesem echt modernen Individualismus ganz übersehenen Fälle von größter Verdichtung geistiger Gewalt und Bedeutung in ganzen Völkern und Staaten haben dann anderseits mit den Nährboden für „universalistische" Gesellschaftsanschauungen wie die OTHMAR SPANNS (o. S. 4f.) abgegeben. Beide einander schroff entgegengesetzte Betrachtungsarten aber würden eigentlich erst in einer zureichenden Theorie der Rechtsform alles Gesellschaftslebens ihren Ausgleich finden. In Weiterführung der kantischen Ethik hat man immer wieder den letzten Grund gesellschaftlicher Verbundenheit überhaupt in dem Schutz und der Entfaltung der Persönlichkeit erblicken wollen und diesen ganz rationalistischen Individualismus neuerdings[1]) sogar so weit getrieben, über das Recht hinaus alle Kultur überhaupt auf der Anerkennung der (bezeichnender Weise sog.) persönlichen Wertmonaden aufzubauen. Kein Wunder, daß dann der Universalismus mit gleicher Einseitigkeit dem Prinzip einer gesellschaftlich, d. h. rechtlich gedachten Ethik wegen seiner „individualistischen" Begründung seinen Vorrang überhaupt abspricht. Dieser stets wiederkehrende Zwiespalt ist nur dann zu überwinden, wenn eingesehen wird, daß gerade die Rechtsform sozialer Verbundenheit am wenigsten atomistisch ist, weil sie zwar notgedrungen von dem Gleichgewicht der Norm für verschiedene Glieder und Situationen einer Gruppe ausgeht, aber dabei doch nicht diese, sondern die Erhaltung und Fortbildung des Ganzen zum höchsten Ziel nimmt.

In ähnlicher Weise zeigt erst die Soziologie die relative Berechtigung der beiden Hauptelemente, die im Begriff des Rechtes von der Rechtsphilosophie gegeneinander ausgespielt zu werden pflegen: Zwang und Zustimmung, oder auf den Staat als Rechtsordnung übertragen: Verbandspersönlichkeit und Gemeinwille. Es lag im wissenschaftsgeschichtlichen Ursprung der Soziologie, daß auch sie selbst als Kritikerin des alten Polizei- und Obrigkeitsstaates anfangs mit der liberalen Staatslehre das Hauptgewicht auf den „sozialen" Charakter des Rechts, d. h. die Tatsache oder doch das Postulat seiner Anerkennung durch die Rechtsgenossen legte. Liberale Rechtsphilosophen wie RUDOLF V. JHERING (Der Zweck im Recht, 1877) und sozialistisch gerichtete Rechtssoziologen wie EUGEN EHRLICH (Grundlegung der Soziologie des Rechts, 1913) begegneten einander in der Abneigung gegen den leeren Positivismus des Gesetzesrechts und seiner buchstabengläubigen richterlichen Auslegung, in dem Nachweis der starken rechtsschöpferischen Kraft der lebendigen gesellschaftlichen Wirklichkeit und in dem durch die sog. Freirechtsschule popularisierten Verlangen, daß Gesetzgebung, aber auch Rechtsprechung daraus die Folgerung ziehen sollten, sich schleunig und freiwillig der Dynamik abweichender und wechselnder sozialer, besonders wirtschaftlicher Verhältnisse anzupassen. Von da aus wurde auch richtig erkannt, daß die Rechtssanktion des staatlichen Zwangsvollzugs nur eine und nicht einmal immer die tatsächlich durchgreifendste unter den Formen ist, die alle Rechtsordnungen im weitesten Verstande, d. h. außer dem gesetzten auch das Gewohnheitsrecht, die Rechtssitte und die „bloße" Sitte, zu ihrer gesellschaftlichen Durchführung aus sich heraus erzeugen. Im Zuge dieser Entwicklung war vor dem Weltkriege die Rechtsphilosophie selbst gewissermaßen zur soziologischen Tatbestandsbeschreibung geworden. Als Philosoph des modernen preußisch-deutschen Wohlfahrtsstaats verkündete RUDOLF STAMMLER in seinen zahlreichen Arbeiten die einfache Identität von wirtschaftlicher Tatsachenordnung und „richtiger" Rechtsordnung, und auch die kritischen Rechtssoziologen wie besonders GUSTAV RADBRUCH (Grundzüge der Rechts-

---

[1]) E. SAUER, Grundlagen der Gesellschaft (Berlin 1924), 32ff.

philosophie, 1914) und MAX ERNST MAYER (diese Enzyklopädie 1) beschieden sich im wesentlichen bei einer relativistischen Ableitung der verschiedenen möglichen Rechtssysteme aus den Weltanschauungen und den „Kulturnormen" der Völker und Parteien[1]).

Die Lehre vom Sozialrecht war durch einen Kreislauf an ihren Anfangspunkt zurückgekehrt: Die Berufung auf die gesellschaftlichen Rechtstatsachen, die dem älteren Machtstaat hatte Abbruch tun sollen, war (wie übrigens ja auch in der Realität der moderne demokratisch-kapitalistische Großstaat) am Ende dabei angelangt, gerade durch diesen realistischen Gesichtspunkt auch die Macht als eine gesellschaftliche Rechtstatsache würdigen zu lernen. Und man konnte im Zweifel sein, ob es ehrlicher war, mit den meisten westeuropäischen Rechtsphilosophen dem Recht als einer völlig autonomen Norm zu huldigen, aber dann unweigerlich die tatsächlichen Attribute der Macht folgen zu lassen, oder mit einer oft mißverstandenen deutschen, am typischsten zuletzt durch ERICH KAUFMANN (Kritik der neukantianischen Rechtsphilosophie, 1921) vertretenen Richtung sowohl inner- als außerstaatliches Recht in seiner Bedingtheit durch die stets wechselnde Dynamik der gesellschaftlichen Lagen zu begreifen. Gerade die Soziologie aber, die ihre mühsam errungene Vorstellung von der Zustimmung der Rechtsgenossen in dieser reinen Rechtstatsächlichkeit sich verflüchtigen sah, hat nun Anlaß, sich dem andern Pol der Rechtsbetrachtung, dem Rechtszwang, wieder zuzuwenden, jetzt aber in der tieferen Bedeutung einer innerlichen Verbindlichkeit oder Denknotwendigkeit, nicht mehr bloß einer äußerlichen Vollstreckbarkeit. Von hervorragender soziologischer Wichtigkeit sind daher die Arbeiten von LEONARD NELSON (Kritik der praktischen Vernunft, 1917; System der philos. Rechtslehre, 1920), die als Abschluß der Ethik KANTS und seines Schülers JAKOB FRIEDRICH FRIES in der Rechtsnorm eine soziale Anwendung des formalen Sittengesetzes finden, und von JOHANNES KELSEN (Das Problem der Souveränität, 1920; Der juristische und der soziologische Staatsbegriff, 1921), die das „Recht" als „Beziehungspunkt" jeder in sich übereinstimmenden Rechtsordnung der gesellschaftlichen Rechtstatsächlichkeit nicht sowohl entgegenstellt als zugrunde legt[2]).

Alle diese zum Teil sehr zugespitzten Formulierungen waren nötig, um auch dem soziologischen Rechtsbegriff einen „zyklischen" Charakter insofern zuzuerkennen, als er den Betrachter fortwährend von seiner sozialen Geltung an seine übersoziale (sei es traditionale, sei es rationale) Gültigkeit und von dieser wieder an jene zurückverwies. Erst so geschah der für die Gesellschaftsentwicklung maßgeblichsten Dynamik des Hauptträgers der Rechtsordnung, des Staates, Genüge, in der er sich nach innen durch „Revolutionen", nach außen durch „Kriege" aller Art und Abstufung von Gewaltsamkeit immer wieder vor inneren und äußeren Rechtsgenossen zu bewähren hat, diese „Bewährung" in neuen Rechtstatsachen nicht entsprechend irgend einer Erfolgsethik als Beweis, wohl aber als Anzeichen für die darin erscheinende formale und inhaltliche „Gerechtigkeit" des sozialen Zustandes genommen[3]).

---

[1]) Über die analoge englische Rechtstheorie J. AUSTINS s. jetzt P. VINOGRADOFF a. a. O. 115 ff.

[2]) Zur Kritik F. SANDER, Das Recht als Sollen und das Recht als Sein, Arch. f. Rechts- u. Wirtschaftsphilos. 17, 1 ff. und die dort Anm. 11 angeführten Arbeiten dieses Verfassers.

[3]) Vgl. C. BRINKMANN in: Erinnerungsgabe an Max Weber 2, 65 ff. Dazu jetzt K. HAFF, Rechtsphilosophie (Abderhaldens Handb. der biologischen Arbeitsmethoden, Berlin-Wien 1924), A. EMGE, Über die Zusammenhänge zwischen Soziologie und Rechtswissenschaft einerseits, zwischen Religionsphilosophie, Geschichtsphilosophie und Rechtsphilosophie andererseits, Arch. f. Rechts- u. Wirtschaftsphilos. 17, 524 ff., 18, 30 ff., 221 ff. und M. RUMPF, Was ist Rechtssoziologie? Arch. f. zivilist. Praxis, N. F. 2 (1923), 36 ff.

IX. Die Systematik der besonderen Gesellschaftswissenschaften.

Nach den vorangehenden Übersichten über die Fragestellungen der „allgemeinen" Gesellschaftswissenschaft wird der Abschluß ihres Grundrisses in einem Leitfaden zu suchen sein, an dem sich die „besonderen" Gesellschaftswissenschaften oder (wie wir vorzogen es auszudrücken) die gesellschaftswissenschaftlichen Teile und Aspekte der materialen Kulturwissenschaften unter die besprochenen Kategorien bringen lassen möchten[1]). Wenn es überhaupt einen eindeutigen „Gesellschaftskörper" gibt, der als Substrat den allerverschiedensten Lebensäußerungen der allerverschiedensten Gesellschaftsgebilde zugrunde liegend gedacht werden kann, so muß es offenbar auch die Möglichkeit eines Verständnisses dafür geben, wie sich diese Äußerungen als einheitliche Erscheinungen des Wachstums oder der Entwicklung jenes Körpers zu ihm und zueinander verhalten. Es ist mindestens wünschenswert, daß der „soziologische" Prähistoriker, Ethnologe, Philologe, Theologe, Nationalökonom, Jurist oder Historiker immer zunehmend statt eines unklaren ein bestimmtes und statt eines in sich vielfach widerspruchsvollen ein möglichst übereinstimmendes Bewußtsein von dem habe, was sie an ihren Forschungsgegenständen „gesellschaftlich" nennen wollen.

Nicht zufällig ist von den ältesten Versuchen soziologischer Entwicklungslehre bis zu dem großen Entwurf MAX SCHELERS immer wieder das „Wissen", die geistige Regsamkeit und Ausbildung der Gesellschaften im Mittelpunkt systematisch beschreibender Soziologie gestanden. Selbst wenn die naiven Auffassungen gesellschaftlicher Gebilde als großer, die Altersstufen des Einzellebens durchlaufender Individuen oder doch sonst einheitlicher organischer Lebewesen fallen gelassen werden, ergibt der früher geschilderte Organismus der sozialpsychischen Tätigkeiten, wo das formale Einheitsprinzip der Gesellschaft liegt. Die ewige Auseinandersetzung des „wirtschaftenden" und „politischen" Menschen mit seiner toten und lebendigen Umwelt (diese beiden gesellschaftlichen Grundqualitäten in dem früher bezeichneten weitesten Umfange genommen) würde irgendeine Ordnung der verstreuten gesellschaftlichen Gesamtbilder unseres Planeten, außer nach „kulturgeographischen" Richtpunkten, noch nicht zulassen. Erst der in wesentlichen Zügen gleichmäßige Gebrauch sozialpsychischer Fähigkeiten, der dabei zutage tritt, ermöglicht die geläufige Ordnung nach primitiven und gereiften, irrationalen und rationalen oder wie sonst immer auf einer geistigen Stufenleiter bestimmten Gesellschaftsgebilden.

Das beherrschende Gesetz des sozialpsychischen Organismus in bezug auf seine äußere Entfaltung in der Gesellschaft ist die soziale Differenzierung[2]). Sie folgt ohne weiteres aus der Einwirkung der oberen Stufen jenes Organismus, Habitualisierung und Rationalisierung, auf den Gliederbestand einer Gruppe, und alle dazu gegensinnige Integrierung ist erst wieder Rückwirkung auf ursprüngliche Differenzierung. Diese beginnt zwar im Gliede, führt aber sogleich zu einer Änderung seiner Gliedstellung: Im Gegensatz zu späteren Stufen, auf denen geistige Bereicherung „Bildungsideal" und Selbstzweck wird (man kann sagen: frei von sozialem Utilitarismus, aber auch: sozial unfruchtbar), ist sie im Anfang stets gleichbedeutend mit äußeren Verschiebungen in der Gesellschaft, Stände- und Klassenbildung. Dabei scheinen zwei Merkmale im Vordergrund zu stehen. Das eine ist der Vorrang des „Geistigen", in seiner ganzen Erstreckung von religiöser Magik bis zu technischer Erfindung, vor den in Massen oder im heroischen Einzelnen dargestellten Eigenschaften des Körperlichen oder der Impulsstufe, der Priesterkasten vor den Kriegerkasten und Heerkönigen. Das zweite ist die Neigung zur mehr oder minder un-

---

[1]) SPANN, Das Gebäude der Gesellschaftswissenschaften und die Einheit ihres Verfahrens, Zeitschr. f. Volkswirtsch. u. Sozialpol., N. F. 2 (1922), 767ff., jetzt auch Gesellschaftslehre[2] 510ff.

[2]) SIMMEL, Über soziale Differenzierung[2] (Leipzig 1905).

mittelbaren Umsetzung der bloßen Spaltung in die Schichtung, des Außer- und Nebeneinander der Untergruppen in Herrschaftsverhältnisse. Soziologisch gewinnt von hier aus die ganze, von den Staatslehren umstrittene Vielfältigkeit der Staatsformen ein höchst einfaches Ansehen: Alle sind in Wirklichkeit Aristokratien, d. h. Herrschaften äußerlich und innerlich differenzierter Minderheiten. Das „Recht" im allgemeinsten Verstande, umfassend so gut die Ideologie der Herrschaftsüberlieferung wie die konkrete Ordnung der Ansprüche und Leistungen verschiedener Stände, bestätigt dabei allemal das früher Angeführte, daß die Natur seiner Funktion ein Gleichgewicht ist: Alles Übergewicht von Ansprüchen über Leistungen löst, so sehr jahrhundertelange Bedrückung darüber täuschen mag, früher oder später Reaktionen von innen oder außen aus.

Die sehr wechselnde Bestimmung der beiden Hauptbegriffe differenzierter Untergruppen, Stand und Klasse, ist zuletzt[1]) einleuchtend mit dem TÖNNIESschen Gegensatz von Gemeinschaft und Gesellschaft verbunden worden. Auch dabei würden fließende Übergänge des einen Begriffs in den andern offenstehen. Kann man nicht in dem sprichwörtlich „ständischen" Mittelalter unter der Oberfläche des Ständerechts nach (weiter aufspaltenden oder überschneidenden) klassenmäßigen Gruppierungen suchen, und verleiht nicht umgekehrt die Ideologie der modernen Sozialismus dem Träger der ersten reinen Klassenvorstellung, der Arbeiterschaft, bei inzwischen weit fortgeschrittener klassenmäßiger innerer Zersetzung als Ganzem eine Art ständischer Weihe? Des Relativen unserer alltäglichen Begriffe von gesellschaftlicher „Bindung" und „Freiheit" muß man auch eingedenk sein, wenn man die Möglichkeit von Differenzierungsvorgängen gerade in der davon am tiefsten getroffenen primitiven Gesellschaft erwägt. Wie man in der Wirtschaftstheorie zwei Arten von Konkurrenz, nämlich neben dem uns vertrauten mechanistisch-kapitalistischen „feindlichen Wettkampf" noch einen organisch-genossenschaftlichen „friedlichen Wettbewerb" unterschieden hat[2]), so wäre wohl auch allgemein soziologisch noch innerhalb stark organischer und gemeinschaftlicher Gesellschaftsgebilde eben als Grundlage der Differenzierung irgendeine Form von Konkurrenz anzunehmen. Vielleicht ist der vergleichsweise Einfluß der individuellen geistigen Beweglichkeit gegenüber der Überlieferung von Macht und Gebot in ständischen Systemen und Zeitaltern größer, in modern mechanistischen kleiner als gemeinhin vorausgesetzt wird. Das Beispiel der Katholischen Kirche wenigstens würde hier (wie anderwärts vielfach) diese gemeine Meinung wesentlich zu berichtigen geeignet sein.

Ein Merkmal dürfte es in der objektiven Gestaltung der Sozialgebilde geben, das besser als die in erster Reihe subjektiven Unterscheidungen „gemeinschaftlichen" und „gesellschaftlichen" Geistes fähig ist, ein entscheidendes Umschlagen der Quantität der Differenzierung in die Qualität einer Zerklüftung bisheriger gesellschaftlicher Verbundenheit zu bezeichnen. Ehe noch der moderne Kapitalismus alle gesellschaftlichen Beziehungen auf Rationalität und Künstlichkeit zu stellen beginnt, können sehr traditionsgebundene und von „Kultur" (in antikapitalistischer Bedeutung) erfüllte Systeme wie die griechisch-römische Antike ein Maß von geistiger Differenzierung erreichen, das über alle Bindungen von Recht und Sitte hinweg schlechthin das Dasein bestimmter Schichten in einer bestimmten kulturellen Geprägtheit zum Zweck ganzer gesellschaftlicher Zusammenhänge setzt. Die sozialaristokratische Stellung des antiken „Freien" inmitten eines doppelten Systems von innerer Sklaven- und äußerer Barbarenwirtschaft, die ja nicht zufällig bis auf die Gegenwart den Idealtypus für alles analoge soziale Denken liefert, ist noch in der Verbindung mit der „demokratischen" Stadtstaatsform unvergleichlich asozialer, ungemeinschaftlicher als alle von diesem „Freien" ver-

---

[1]) K. BAUER-MENGELBERG in Kölner Vierteljahrshefte 3 (1924), 275 ff.
[2]) OPPENHEIMER, System 1, 348 f. Dazu WIESE, Soziologie 186 ff. und E. SELLA, La Concorrenza 2 Bde. (Turin 1914—16).

achtete orientalische Despotie und Kastenherrschaft. Denn in diesen waltet entweder zwischen Herren und Beherrschten, genau wie nachher wieder im feudalen Mittelalter bis zum Frühkapitalismus, grundsätzliche Übereinstimmung im Kulturellen (und nicht bloß, wie skeptisch eingewandt werden könnte, im Kulturlosen), oder das Charakteristische einer Kastenordnung wie der indischen mit allen ihren rituellen Reinheits- und Tabuvorstellungen ist das andere Extrem, die völlige Berührungslosigkeit zwischen den (meist ja auch ethnisch geordneten) Gruppen. Dagegen ist das Wesentliche des antiken Verhältnisses zu Sklaverei, Barbarei und ihren milderen Entsprechungen doch eben, daß hier (wirtschaftliches) Angewiesensein auf ein Niederes und (kulturelles) Ausschließen dieses Niederen, d. h. gesellschaftliche Verknüpfung und Gemeinschaftslosigkeit Hand in Hand gehen[1]). Die sittliche Idee des Christentums weniger von der Gleichheit als von der Einheitlichkeit der irgendwie vergesellschafteten Menschen war dann nur das geistige Symbol für einen geschichtlichen Augenblick, in dem auch die abendländische Kultur unter Führung jugendlicher, gemeinschaftskräftiger Völker (auch des Ostens) noch einmal die naive Zweiteilung der antiken Gesellschaft überwand, bis ein zweiter und gründlicherer Differenzierungsvorgang, die Entstehung der kapitalistischen Gesellschaft, auch ideologisch in der Renaissance zur Antike zurückführte.

Und doch vermag die kapitalistische Gesellschaft niemals aus sich selbst die Hauptsache der antiken „Herrenmoral" (wenn der Ausdruck NIETZSCHES hier einmal abkürzend verwendet werden darf), das unreflektierte Gerechtigkeitsgefühl der kulturellen Differenzierung zu erzeugen. Dazu sind nicht nur die überlebenden Reste vorkapitalistischer Gemeinschaftsgefüge bis auf die Gegenwart viel zu stark. Noch ausschlaggebender ist die innere Beschaffenheit der kapitalistischen Gesellschaftsauffassung selber, daß sie mit ihrer Rationalität gerade die Gleichheit, wenn auch statt der organischen eine mehr atomische, zum eignen Lebens- und Bewegungsprinzip erhoben hat und deshalb auch das Recht der alleräußersten materiellen und kulturellen Differenzierung immer nur als etwas Vorläufiges und Dynamisches hinnehmen kann: So sehr gleich in der Renaissance und dann vor allem in dem kapitalistischen Christentum des Calvinismus, der Grundgesinnung der modernen angelsächsischen Kulturen, die antike Spaltung der gesellschaftlichen Welt in Kalokagathie und Banausentum nachgeahmt und womöglich überboten wird, so gewiß steht dabei von Anfang an der Totengräber dieses neuen „Liberalismus", die sozialistische Gesellschaftskritik vor der Türe. Und die Aufnahme dieser Kritik in den kapitalistischen Gesellschaftskörper wird nicht, wie in der Spätantike, zum Verfallsymptom und Zersetzungskeim, sondern umgekehrt, wie am deutlichsten wiederum in den angelsächsischen Gesellschaften, zum Zeichen und Werkzeug gesunder „Evolution".

Diese ganz neue Beweglichkeit und Anpassungsfähigkeit in den Differenzierungsprozessen der modernen Gesellschaft bedient sich vor allem zweier objektiver Bildungsformen, die trotz ihrer ganz ungleichen Verteilung auf zeitliche und örtliche Systeme nur im Verein miteinander Stärken und Schwächen dieser Gesellschaft zusammenfassen. Das eine ist das Amt, das andere die Partei. Das Unterscheidende des Amts gegenüber allen früheren Analogien der irgendwie als „öffentlich" sanktionierten Berufstätigkeiten besteht in der eigentümlich modernen, ohne das Christentum, aber auch ohne den Kapitalismus nicht denkbaren Verknüpfung scheinbar so unverträglicher Züge wie der religiös-sittlichen „Berufs"-Vorstellung einerseits und der technisch-wirtschaftlichen Isolierung, der alleinigen Beziehung auf eine Staats-„Anstalt" anderseits. Es ist unrichtig, wie es oft geschieht, eines oder das andere dieser Elemente als „bürokratisch" der modernen kapitalistischen Kultur wesenhaft entgegenzusetzen. Gewiß ist der eine, festlandseuropäische Zweig

---

[1]) P. FAHLBECK, Die Klassen und die Gesellschaft (Jena 1922), 218ff. S. a. C. BOUGLÉ, Essais sur le régime des castes. 1908.

der modernen Staatenbildung mit seiner Hochblüte der sog. absoluten Monarchie ein viel ausschließlicher Schauplatz der Entwicklung solcher „Behördenorganisation" gewesen als der andere, angelsächsische. Aber einmal zerfällt auch das kontinentale „Amtsstaatsrecht" in so verschiedenartige Unterabteilungen wie etwa das französische und das ostmitteleuropäische. Und sodann haben natürlich die starken „volksstaatsrechtlichen" Züge der angelsächsischen Gesellschaft nicht verhindert, vielmehr geradezu bedingt, daß dort eine, wenn auch weniger offenbare, so doch sehr bemerkenswerte und für alles parlamentarische Ämterwesen vorbildliche Entwicklung der Behördenverfassung stattfand. Der Idealtypus des technisch geschulten und spezialisierten, aber zugleich über die bloße Entgeltlichkeit der Leistung pflicht- und vertrauensgemäß emporgehobenen Beamten ist der modernen Gesellschaft so wenig entbehrlich, daß im selben Maß, wie heute der Staat selbst sein bürokratisches und kameralistisches Verwaltungsverfahren (bis in die von ihm sanktionierten „freien Berufe" hinein) verwirtschaftlicht und kommerzialisiert, die großen Unternehmungen der Privatwirtschaft ihre Betriebe notgedrungen in der Technik, aber auch in den ideellen Faktoren bürokratisieren.

Umgekehrt wäre es bei der soziologischen Betrachtung des modernen Parteiwesens falsch[1]), einseitig nur immer die Erfahrung der ältesten parlamentarischen Staaten oder den Zusammenhang mit den modernen, rationalistischen und mechanisierten Klassengesellschaft ins Auge zu fassen. Diese Seiten sind selbstverständlich die hervorstechendsten, und die heutige Ideologie der politischen Romantik gefällt sich noch besonders darin, sie zu einer vermeintlichen Dogmatik der modernen Demokratie mit ihrem „Legitimitäts"-Glauben an Zahlenmehrheiten und rationale Übereinkünfte zu systematisieren[2]). Die Wirklichkeit ist jedoch auch hier bruchloser und daher in größerer Fühlung mit den vormodernen, aber auch mit den amtsrechtlichen Wurzeln des heutigen Staats verlaufen. Die „Parteien" der modernen parlamentarischen Wahl- und Vertretungskörperschaften sind überall unmittelbar aus den Korporationen des Ständestaates als des Vorläufers des modernen Palamentarismus hervorgegangen und tragen noch überwiegend, namentlich in dem großen Gegensatz städtisch-gewerblicher und landwirtschaftlich-feudaler Kreise, gleichsam die Eierschalen des alten Ständetums mit sich herum. Auch formal aber haben sie sich nicht einmal überall und durchweg in der ursprünglich von beiden Teilen gewollten künstlich begrifflichen Ferne vom Staat, als die eigentlichen Darstellungen der modernen „Gesellschaft" an sich, erhalten können, und dieselbe Neigung zur Minderheitsvertretung und Entwurzelung der örtlichen Parteigrundlagen, die in den modernen Wahlrechten eine letzte Vollendung des atomistischen Staatsaufbaus zu sein scheint, arbeitet doch auch wieder ganz im geheimen der Verstaatlichung der Parteien und dem Verlangen nach berufsständischer Vertretung in die Hände. Auch das Parteiwesen zeigt sich als Wechselbegriff zu dem Amtsrecht des modernen Staates geeignet, an dessen gemeinschaftlich-symbolischem Leben[3]) teilzunehmen und mitzuwirken.

Die sozialökonomische Theorie[4]) hat für ihr Gebiet aus der Beobachtung der Differenzierungsvorgänge in der arbeitsteiligen Verkehrswirtschaft das Gesetz abgeleitet, daß jeder Schritt vorwärts dabei auch eine neue Integration bedeute. Die allgemeine Soziologie steht zunächst vor einem merkwürdig anderen Eindruck. Das Leben der äußerlich kleinen und machtlosen primitiven Gesellschaften ist

---

[1]) R. MICHELS, Zur Soziologie des Parteiwesens in der modernen Demokratie (Leipzig 1911, ² 1925).

[2]) C. SCHMITT, Die Diktatur (München 1921) und Die geistesgeschichtliche Lage des heutigen Parlamentarismus (ebd. 1923, dazu R. THOMA, Arch. f. Sozialwiss. 53, 212ff.).

[3]) R. SMEND, Die politische Gewalt im Verfassungsstaat und das Problem der Staatsform. Festgabe der Berliner Jur. Fak. für W. Kahl (Tübingen 1923), 3ff. Dazu jetzt C. BRINKMANN Grundr. d. Sozialök. 4, 1, 49ff.

[4]) OPPENHEIMER, System 3, 245ff.

gewiß im Ausmaß ihrer inneren und äußeren Undifferenziertheit nur durch eine sehr geringe Eignung für rationale und aktive Erweiterungen und Zusammenschlüsse ausgezeichnet; im auffälligsten Gegensatz dazu aber scheinen sie in der Richtung vieler gemeinschaftsbildenden Gefühls- und Impulskräfte eine sehr hohe Fähigkeit, nicht so sehr zur Schaffung, als zur wesenhaften (und keineswegs unbewußten) Darstellung großer übergeordneter Reihen und Zusammenhänge zu besitzen, die ihnen mit beginnender Differenzierung und Rationalisierung vorerst allemal verlorengeht. Etwas davon lebt in den typischen Großreichen, mit denen die Geschichte bewußter Staatenbildung anzuheben pflegt. Aber weit über das Politische hinaus zeigt die fast unwahrscheinliche Reichweite urzeitlicher Handelszüge und Wanderungen einen Charakter, der an entsprechende Erscheinungen im Tierreich erinnert und keineswegs, wie jene politischen Bildungen vielleicht vermuten lassen, in reiner Passivität gründen kann. Das vertrauteste Beispiel für derartige Zusammenfassungen primitiver Gesellschaften bildet der der modernen Kultur voraufgehende mittelalterliche Zustand, wo das Andenken des Römischen Reiches wenigstens von der abendländischen Familie seiner romanisch-germanischen Tochtervölker in der Doppelgestalt des Kaisertums und der Kirche mit einer seltsamen Energie bis in die niedersten, landschaftlich-stammesmäßigen Lebenskreise hinab festgehalten wird. Hier ist es nachweislich die weithin übereinstimmende soziale Gewohnheit und ihr sichtbarster Ausdruck, die Unzahl der von Ort zu Ort einander die Hand reichenden Mundarten innerhalb der beiden von der alten Staats- und Kultursprache abgezweigten Sprachfamilien, was jene Bewußtseinseinheit realsoziologisch stützt. Und dies bekannteste Bild mag dann zum heuristischen Prinzip für ähnliche ältere Zustände oder selbst für gegenwärtige wie die vieler orientalischer Kulturen werden.

Keine Frage, daß hier überall die beiden vornehmsten Entwicklungswege der Gesellschaft, ihre zunehmende wirtschaftliche und staatlich-rechtliche Organisation, diese größeren, mehr potentiellen Einheiten schwächen oder zerstören müssen, wenn sie die landschaftlich-stammesmäßigen Kreise zu kleineren, aber aktuellen Einheiten, den neueren Nationalstaaten oder ihren Vorgängern, zusammenfügen. Aber die ruhelose Stetigkeit der sozialen Differenzierung muß sich im weiteren Verlauf ganz von innen heraus einmal auch der Deckung dieser Verluste widmen. Die Interessen nicht nur einzelner bestimmter, sondern auf die Dauer aller verschiedenen Schichten und Klassen der modernen Staaten haben weit über die von einem zentralen Völkerrecht einerseits, von peripherischen Bundesstaaten und Staatenbünden anderseits ausstrahlenden politischen Tendenzen hinaus begonnen, auch wirtschaftlich und kulturell, vor allem in der freundlich-feindlichen Annäherung des Orients an Europa-Amerika, eine neue Periode der planetarischen Integration zu eröffnen.

Namenverzeichnis.

Austin, J. 32
Baudouin, F. 12
Bauer-Mengelberg, K. 34
Becher, E. 13.
Below, G. v., 1
Bouglé, C. 35
Brinkmann, C. 1, 3f., 9, 14f., 20, 32, 36
Bücher, K. 16
Burke, E. 3

Cassirer, E. 15f.
Clasen, P. A. 27
Comte, A. 3

Dewey, J. 10
Dilthey, W. 8, 30
Dresel, E. G. 20
Dunkmann, K. 5
Duprat, G. L. 4
Durkheim, E. 4, 7, 17

Ehrlich, E. 31
Elster, A. 20
Emge, A. 32
Engel-Jánosi, F. 3
Espinas, A. 4

Fahlbeck, P. 35
Ferguson, A. 2
Fischer, A. 7
Freud, S. 11f.
Freyer, H. 8

Giddings, F. H. 18
Godwin, W. 21
Graebner, F. 7, 17
Grosse, J. 29
Guardini, R. 23
Gumplowicz, L. 5

Haff, K. 32
Hamann, J. G. 15f.
Hansen, G. 22
Hegel 8, 13, 25
Herbart 7
Herder, J. G. 15
Herrigel, H. 21
Hobbes, T. 2
Husserl, G. 30

James, W. 7
Jerusalem, F. W. 16
Jhering, K. v. 31
Jurieu, B. 3

Kaufmann, E. 32
Kelles-Kranz, C. de 26

Kelsen, J. 8, 32
Kidd, B. 22
Kjellén, R. 11
Klemm, O. 13
Knabenhans 24
Köhler, W. 7
Kracauer, S. 4
Kropotkin 21

Lamennais 3
Latte, K. 30
Lederer, E. 14
Lévy-Brühl, L. 7
Litt, T. 5
Luchtenberg, P. 13
Lukacz, G. 8

Mac Dougall, J. 9
Maistre, J. de 3
Maine, H. 21
Malthus, T. R. 3, 19
Mannheim, K. 27
Mandeville, J. 2
Maunier, K. 4
Marx, K. 8, 14, 26
Mayer, M. E. 32
Meinecke, F. 3, 14
Menzel, A. 2
Meusel, A. 24
Michels, R. 36
Millar, J. 2
Mills, F. C. 9
Mohl, R. v. 4
Mombert, P. 20

Natorp, P. 21
Nelson, L. 2, 32
Nietzsche, F. 19

Ogburn, F. W. 18
Oppenheimer, F. 9, 12, 26, 34, 36
Oppenheimer, L. 21

Paine, T. 21
Pareto, V. 2, 8, 12ff.
Proudhon 21

Radbruch, G. 31
Ribot, T. 7
Riezler, K. 9
Rosenstock, E. 23
Rothacker, E. 8
Rousseau, J. J. 3, 22
Rumpf, M. 32
Russell, B. 9

Salin, E. 3f.
Sander, F. 4, 32
Sauer, E. 31
Schäffle, A. 4
Scheler, M. 2, 5, 7, 19, 23, 25, 27, 33
Schelting, A. v. 8
Schlegel, F. 15
Schmalenbach, H. 2, 8, 23f.
Schmidt, M. 29
Schmitt, C. 3, 36
Schmoller, G. 1
Schurtz, H. 24
Sella, E. 34
Simmel, G. 30, 33
Singer, K. 2, 27
Smend, A. 36
Smith, A. 3
Solms, M. 17
Sombart, W. 2
Spann, O. 4f., 9, 16, 23, 28, 31, 33
Spencer, H. 3f., 22
Spranger, E. 7f.
Stammler, R. 31
Staudinger, H. 27
Stein A. 8
Stein, L. v. 4
Stirner, M. 21
Stoltenberg, L. 6, 21

Tarde, G. 4, 17
Tessenow, F. 23
Thoma, R. 36
Tönnies, F. 1f., 19, 21ff.
Troeltsch, E. 27

Vico, G. 15
Vierkandt, A. 1, 9, 17f.
Vinogradoff, P. 21, 32
Vleugels, W. 11
Voltaire 3

Wagner, A. 13
Walther, A. 10
Walther, G. 6
Ward, L. 3
Weber, Alfred 26f.
Weber, M. 1f., 8, 23, 27
Wertheimer, M. 7
Wiese, L. v. 1, 9, 34
Wieser, F. v. 17
Wolzendorff, K. 3
Wundt, W. 7, 13

Sachverzeichnis.

Abgeschiedenheit 24
Aktion 7, 9 ff.
Amt 35 f.
Anarchismus 21
Antike 1 f., 34 f.
Askese 24 f.

Bohème 25
Bund 23 ff.

Differenzierung 18 f., 34 ff.
Derivation 14
Determinationsfaktor 8

Emotion 7, 9 ff.
Erfindung 17 f.
Ethnologie s. Völkerkunde

Folklore s. Volkskunde
Führung 14, 17 f., 22
Fremde 18
Fremddienlichkeit 13

Gemeinschaft 20 ff.

Habitus 10 ff.
Harmonie 2
Heterogonie der Zwecke 13

Idealtypus 8
Impuls 10 ff.

Individualismus 4 ff.
Instinkt 9 ff.
Irrationalität 12 ff.

Kind 2, 6 f.
Klasse 17, 34
Koordination 1 f.
Krankheit 11
Krieg 22, 32
Kultursoziologie 26 f.

Masse 5, 31
Motivzweideutigkeit 14 ff.
Mutterrecht 23, 29
Mythos 15 f.

Nachahmung 17 f.
Naturrecht 2 f.

Objektivation 7 f.

Partei 35 f.
Perspektivismus 5 f.
Perzeption 9 ff.
Physiokratie 2
Positivismus 3
Prävention 13 f.
Priesterbetrug 3
Primitive 1, 6 f. 15 ff. 36 f.

Psychiatrie 2, 7, 11 f.
Psychologie 2, 5 ff., 9 ff., 16 ff.

Ratio 10 ff.
Realisationsfaktor 7
Recht 30 ff.
Reduktion 17
Religion 27 f,. 33 f.
Repression 13 f.
Résidu 12
Ressentiment 3, 19
Revolution 2, 11, 32
Romantik 3 f.

Sophistik 2
Sozialismus 2, 17
Sprache 13, 15 f.
Staat 3, 30 ff.
Stand 34

Tier 1, 5, 7

Universalismus 4 f.

Vererbung 19 f.
Verstehen 8 f.
Völkerkunde 1, 6 f., 13, 15 f.
Volkskunde 16, 28

Wirtschaft 19, 28 ff.

Verlag von Julius Springer in Berlin W 9

Das Völkerrecht

Systematisch dargestellt von **Franz von Liszt**

Zwölfte Auflage

Bearbeitet von

Dr. Max Fleischmann

ord. Professor an der Universität Halle

(784 S.) 1925. 30 Goldmark; gebunden 34.50 Goldmark

Ein Lehrbuch des Völkerrechts hat seit Beendigung des Weltkrieges gefehlt. Alle früheren Arbeiten sind durch die neuen internationalen Rechtsverhältnisse überholt. Vor allem hat die neue Regelung der internationalen Beziehungen auf Grund des Versailler Friedensvertrages das Völkerrecht auf völlig neue Grundlagen gestellt. Bisher haben systematische Darstellungen dieses neuen Vertrages gefehlt. Zum ersten Male wird das altberühmte Lehrbuch des Völkerrechts von Liszt in gänzlich neuer Bearbeitung durch den bekannten Halleschen Völkerrechtslehrer Professor Dr. Max Fleischmann diese Lücke ausfüllen. Damit haben die Studenten wieder ein Lehrbuch des jetzt geltenden Völkerrechts, aber auch alle Interessenten internationaler Rechtsbeziehungen eine gesicherte Grundlage, auf der sie weiter arbeiten können. Neben der eigentlichen Darstellung des Völkerrechts enthält der Urkunden-Anhang ein reiches Material an den der Darstellung zugrunde liegenden internationalen Verträgen.

Rechtsvergleichende Abhandlungen. Herausgegeben von **Heinrich Titze** und **Martin Wolff.**

I. **Das Recht der Staatsangehörigkeit in Deutschland und im Ausland seit 1914.** Von Dr. jur. **Gustav Schwartz.** (304 S.) 1925. 15 Goldmark

II. **Die außervertragliche Haftung von Großbetrieben für Angestellte.** Eine rechtsvergleichende Untersuchung. Von Dr. jur. **Hans Werner Weigert.** (71 S.) 1925. 3.90 Goldmark

Rechtskraft und Rechtsgeltung. Eine rechtsdogmatische Untersuchung. Von Dr. jur. **Gerhart Husserl,** Gerichtsassessor, Privatdozent an der Universität Bonn. Erster Band: **Genesis und Grenzen der Rechtsgeltung.** (212 S.) 1925. 12 Goldmark

Deutsches Strafrecht. Von Dr. **Robert v. Hippel,** Geh. Justizrat, ord. Professor der Rechte in Göttingen.

Erster Band: **Allgemeine Grundlagen.** Mit 2 Bildnissen im Text, 23 Abbildungen im Anhang und 4 Kurven. (627 S.) 1925.
30 Goldmark; gebunden 36 Goldmark

In Vorbereitung befinden sich:

Zweiter Band: Teil I: **Allgemeine Lehren vom Verbrechen.**
Teil II: **Lehre von der Strafe.**

Dritter Band: **Besonderer Teil.**

Verlag von Julius Springer in Berlin W 9

Im Oktober 1925 erschien

Zeitschrift für öffentliches Recht

Herausgegeben in Verbindung mit
Gerhard Anschütz, Heidelberg / Max Hussarek, Wien / Max Layer, Graz / Adolf Menzel, Wien / Karl Rothenbücher, München / Richard Thoma, Heidelberg

von

Hans Kelsen
Wien

Schriftleiter: Alfred Verdross, Wien

Band V, 1. Heft. (144 S.) 7.50 Goldmark

Abhandlungen aus der Berliner Juristischen Fakultät.

I. **Das materielle Ausgleichsrecht des Versailler Friedensvertrages** unter besonderer Berücksichtigung der Rechtsbeziehungen zu Frankreich und England. Von Dr. **Hans Dölle**, Professor an der Universität Bonn a. Rh. (170 S.) 1925. 9.60 Goldmark

II. **Der Prozeß als Rechtslage.** Eine Kritik des prozessualen Denkens. Von Dr. **James Goldschmidt,** ord. Professor der Rechte an der Universität Berlin. (613 S.) 1925. 48 Goldmark

III. **Beiträge zur Lehre von der Revision wegen 'materiellrechtlicher Verstöße im Strafverfahren.** Von Dr. **Hermann Mannheim**, Privatdozent an der Universität Berlin. (243 S.) 1925. 15 Goldmark

Sammlung von Rechtsfällen zum Gebrauch bei Übungen.

Bisher erschienen:

Rechtsfälle aus dem Steuerrecht. Von Dr. **Albert Hensel**, a. o. ö. Professor an der Universität Bonn. (81 S.) 1924. 2.40 Goldmark

Rechtsfälle aus dem Strafrecht. Mit einer kurzen Anleitung zur Bearbeitung von Strafrechtsfällen. Von Dr. **James Goldschmidt**, ord. Professor an der Universität Berlin. (77 S.) 1925. 2.40 Goldmark

Rechtsfälle aus dem Arbeitsrecht zum Gebrauch bei Übungen zusammengestellt von Dr. **Walter Kaskel**, Professor an der Universität Berlin. (56 S.) 1922. 1 Goldmark

Kritik der öffentlichen Meinung. Von Ferdinand Tönnies. (596 S.) 1922. 12 Goldmark; gebunden 15 Goldmark

VERZEICHNIS DER IN DER ENZYKLOPÄDIE ERSCHEINENDEN BEITRÄGE

I. Rechtsphilosophie

1. Rechtsphilosophie . . . . Prof. Dr. Max Ernst Mayer†, Frankfurt a. M.

II. Rechtsgeschichte

2. Römische Rechtsgeschichte und System des
   Römischen Privatrechts . . . . Prof. Dr. Paul Jörs†, Wien
3. Römischer Zivilprozeß . . . . Prof. Dr. Leopold Wenger, München
3a. Römische Rechtsgeschichte im Mittelalter Geh. Justizrat Prof. Dr. Emil Seckel†, Berlin,
   und Prof. Dr. Erich Genzmer, Königsberg
4. Deutsche Rechtsgeschichte . . . . . . Prof. Dr. A. Zycha, Bonn
5. Grundzüge des deutschen Privatrechts . . Prof. Dr. Hans Planitz, Köln a. Rh.
6. Rechtsentwicklung in Preußen . . . . . Prof. Dr. Eberhard Schmidt, Breslau

III. Zivilrecht und Zivilprozeß

7. Bürgerliches Recht: Allgemeiner Teil . . Geh. Justizrat Prof. Dr. Andreas v. Tuhr, Zürich
8. Recht der Schuldverhältnisse . . . . . . Prof. Dr. Heinrich Titze, Berlin
9. Sachenrecht . . . . Prof. Dr. Julius v. Gierke, Halle a. S.
10. Familienrecht . . . . Prof. Dr. Heinrich Mitteis, Heidelberg
11. Erbrecht . . . . Prof. Dr. Julius Binder, Göttingen
12. Handels- und Wechselrecht . . . . . . Geh. Hofrat Prof. Dr. Karl Heinsheimer, Heidelberg
13. Privatversicherungsrecht . . . . Geh. Hofrat und Geh. Justizrat Prof. Dr. Victor Ehrenberg, Göttingen
14. Urheber- und Erfinderrecht . . . . . . Geh. Hofrat Prof. Dr. Philipp Allfeld, Erlangen
15. Internationales Privatrecht . . . . Prof. Dr. Karl Neumeyer, München
16. Einwirkungen des Friedensvertrages auf die
    Privatrechtsverhältnisse . . . . Prof. Dr. Josef Partsch†, Berlin
17. Zivilprozeßrecht . . . . Geh. Hofrat Prof. Dr. Ernst Jaeger, Leipzig
18. Konkursrecht . . . .   "   "   "   "
19. Freiwillige Gerichtsbarkeit . . . . . . Prof. Dr. Friedrich Lent, Erlangen

IV. Strafrecht und Strafprozeß

20. Strafrecht . . . . Prof. Dr. Eduard Kohlrausch, Berlin
21. Strafprozeßrecht . . . . Geh. Hofrat Prof. Dr. Karl v. Lilienthal, Heidelberg
22. Kriminalpolitik . . . . Prof. Dr. Ernst Rosenfeld, Münster i. Westf.

If you have any concerns about our products,
you can contact us on
ProductSafety@springernature.com

In case Publisher is established outside the EU,
the EU authorized representative is:
**Springer Nature Customer Service Center GmbH
Europaplatz 3, 69115 Heidelberg, Germany**

Printed by Libri Plureos GmbH
in Hamburg, Germany